高等职业教育系列教材

智能生产线数字化规划与仿真
——PDPS 工程基础及应用

主 编 骆 峰

副主编 黄文标 谢 正

参 编 胡 菡 李 智 杨 帆 高 淼 陈 帆

机械工业出版社

PDPS 软件是西门子综合性数字化制造解决方案系统 Tecnomatix 中，用于生产线工艺规划设计和仿真的一套软件系统。作为一款数字化双胞胎工业仿真软件，它广泛应用于各大汽车制造厂、造船厂、半导体产品制造公司等制造行业企业。本书依据企业实际岗位技能需求，以多个工业机器人工作站所组成的智能生产线为对象，精心设计 7 个项目，分别为 PDPS 软件基础操作、智能生产线工艺规划与设备布局、智能生产线典型生产设备设定、智能生产线典型生产工艺规划仿真、智能生产线工艺过程仿真、智能生产线工艺过程信号交互和智能生产线工艺过程虚拟调试，较为全面地讲解了如何使用 PDPS 软件进行工艺规划设计、工艺仿真验证以及虚拟调试。这 7 个项目既各自独立又能组合成一个完整的大型综合项目，使读者对 PDPS 软件有一个完整、清晰的了解。

本书可作为高等职业院校职业本科和专科智能制造相关专业教学用书，也可作为工程技术人员培训用书，并适合相关专业技术爱好者自学。

本书配有二维码微课视频、电子课件、工程项目案例文件及实训练习答案，读者可登录机械工业出版社教育服务网www.cmpedu.com注册后免费下载，或联系编辑索取（微信：13261377872，电话：010-88379739）。

图书在版编目（CIP）数据

智能生产线数字化规划与仿真：PDPS 工程基础及应用 / 骆峰主编. -- 北京：机械工业出版社，2024.6.（高等职业教育系列教材）. -- ISBN 978-7-111-76127-3

Ⅰ. TP278

中国国家版本馆 CIP 数据核字第 2024X7A425 号

机械工业出版社（北京市百万庄大街 22 号　邮政编码 100037）
策划编辑：李文轶　　　　　责任编辑：李文轶　曹帅鹏
责任校对：郑　婕　张　薇　责任印制：常天培
固安县铭成印刷有限公司印刷
2024 年 9 月第 1 版第 1 次印刷
184mm×260mm • 14.75 印张 • 380 千字
标准书号：ISBN 978-7-111-76127-3
定价：59.90 元

电话服务　　　　　　　　网络服务
客服电话：010-88361066　　机　工　官　网：www.cmpbook.com
　　　　　010-88379833　　机　工　官　博：weibo.com/cmp1952
　　　　　010-68326294　　金　书　网：www.golden-book.com
封底无防伪标均为盗版　　　机工教育服务网：www.cmpedu.com

Preface 前 言

党的二十大报告指出，"坚持把发展经济的着力点放在实体经济上，推进新型工业化，加快建设制造强国、质量强国、航天强国、交通强国、网络强国、数字中国"。制造业是国家经济命脉所系，是立国之本、强国之基，随着新一代信息技术加速赋能制造业，智能制造正在多领域多场景落地开花。

"数字化双胞胎"（Digital Twin）技术是当前智能制造业的新浪潮，它是指以数字化方式复制物理对象，模拟对象在现实环境中的行为，对产品、制造过程乃至整个工厂进行虚拟仿真，从而提高制造企业产品研发和制造的效率。PDPS 软件是一款应用广泛的数字双胞胎工业仿真软件，具有强大的协同能力，支持在单一制造知识源中从设计到生产的快速协同规划设计与仿真验证。

本书立足于制造行业对 PDPS 软件实际技能的需求，以智能生产线为虚拟仿真对象，分为 7 大项目任务进行实践学习。这些项目任务涵盖了 PDPS 软件的基础操作及智能生产线的工艺规划与设备布局、典型生产设备设定、典型生产工艺规划仿真、工艺过程仿真、工艺过程信号交互、工艺过程虚拟调试等方面的内容。项目案例中的智能生产线由多个常见的工业机器人工作站组成，7 个项目任务均围绕该智能生产线展开，各个项目内容自成一体，同时又前后相互衔接，构成一个完整的大型项目，可以帮助读者更加全面地掌握 PDPS 软件的整体功能。

本书作者为高校双师型专业课程教师，有丰富的教学经验和工程实践经验，书中所有实例都是从实际工程项目中提炼而来，深入浅出地展示了 PDPS 软件的应用场景和使用方法。为了帮助初学者更快地掌握 PDPS 软件，书中每个项目任务都附带了相应的工程项目实例文件，供读者学习时直接使用或参考借鉴。

为了便于读者更好地理解本书的重难点，特制作了 64 个与本书案例配套的二维码形式的微课实操视频，还包括相应的工程项目案例文件、技能实训答案和电子课件等，同时在每个项目的最后增加了素养小栏目来拓宽视野、培养素质。

本书可作为高等职业院校职业本科和专科智能制造相关专业教学用书，也可作为工程技术人员培训用书，并适合相关专业技术爱好者自学。

本书在编写过程中得到了相关行业及企业工程技术人员和西门子资深专家顾问的鼎力相助，在此表示衷心的感谢。本书篇幅有限，书中难免有疏漏之处，敬请读者批评指正。

编 者

目 录 Contents

前言

第1篇 基 础 篇

项目1 PDPS 软件基础操作 ········· 1

任务 1.1　Tecnomatix PDPS 软件的认知 ················· 1
　1.1.1　PDPS 简介 ················· 1
　1.1.2　PDPS 项目的实施过程 ········ 4

任务 1.2　智能生产线数字模型的转换与预处理 ··················· 5
　1.2.1　从 CAD 软件导出轻量化格式文件 ··· 5
　1.2.2　使用第三方工具软件进行格式转换 ··· 6
　1.2.3　目标数模文件的预处理 ········ 8

任务 1.3　PD 工程项目基础操作 ········ 8
　1.3.1　创建 PD 工程项目 ············ 8
　1.3.2　保存 PD 工程项目 ··········· 12
　1.3.3　打开 PD 工程项目 ··········· 14

技能实训 1.4　智能生产线 PD 工程项目的建立与使用 ········ 17
　1.4.1　机器人智能生产线资源制作 ··· 17
　1.4.2　机器人智能生产线 PD 工程项目操作 ··············· 17

第2篇 应 用 篇

项目2 智能生产线工艺规划与设备布局 ·········· 19

任务 2.1　智能生产线数据资源组织 ····· 19
　2.1.1　建立项目库 ··············· 19
　2.1.2　产品与生产线架构规划 ······· 25

任务 2.2　智能生产线工艺规划 ········ 30
　2.2.1　生产线设备资源和工艺操作分配 ··· 30
　2.2.2　规划工艺流程和 PS 工艺仿真 ··· 31

任务 2.3　智能生产线设备布局 ········ 35
　2.3.1　PDPS 布局方法 ············· 36

　2.3.2　使用 Placement Manipulator 命令布局 ··················· 39
　2.3.3　使用 Relocate 命令布局 ······ 43
　2.3.4　独立运行 PS 工程项目 ······· 48

技能实训 2.4　智能生产线工作站资源布局 ··············· 54
　2.4.1　分拣工作站资源布局 ········ 54
　2.4.2　装配工作站资源布局 ········ 55
　2.4.3　喷涂工作站资源布局 ········ 55

项目 3　智能生产线典型生产设备设定 57

任务 3.1　旋转料仓运动设定 57
- 3.1.1　旋转料仓关节运动设定 57
- 3.1.2　旋转料仓姿态设定 63

任务 3.2　变位机运动设定 66
- 3.2.1　变位机关节运动设定 66
- 3.2.2　变位机姿态设定 71

任务 3.3　机器人运动设定 72
- 3.3.1　机器人关节运动设定 73
- 3.3.2　机器人坐标系设定 79
- 3.3.3　机器人关节运动范围设定 82

任务 3.4　机器人末端执行器设置 88
- 3.4.1　机器人夹爪设定 88
- 3.4.2　机器人喷枪设定 93
- 3.4.3　机器人末端执行器的安装与卸载 96

技能实训 3.5　智能生产线生产设备设定 99
- 3.5.1　工作站喷涂回转台运动设定 99
- 3.5.2　工作站机器人运动设定 100
- 3.5.3　工作站机器人工具定义与安装 101

项目 4　智能生产线典型生产工艺规划仿真 102

任务 4.1　机器人分拣搬运规划仿真 102
- 4.1.1　设备操作和对象流操作规划仿真 102
- 4.1.2　机器人搬运操作规划仿真 107

任务 4.2　机器人快换工具规划仿真 120
- 4.2.1　机器人安装快换工具操作规划仿真 120
- 4.2.2　机器人卸载快换工具操作规划仿真 125

任务 4.3　机器人涂胶规划仿真 126
- 4.3.1　机器人涂胶操作基本规划 126
- 4.3.2　机器人涂胶操作仿真优化 133

任务 4.4　机器人喷涂规划仿真 139
- 4.4.1　机器人喷涂操作预设定 139
- 4.4.2　机器人喷涂操作规划仿真 143

技能实训 4.5　智能生产线工艺规划仿真 149
- 4.5.1　分拣工作站工艺规划仿真 149
- 4.5.2　装配工作站工艺规划仿真 150
- 4.5.3　喷涂工作站工艺规划仿真 151

第 3 篇　进　阶　篇

项目 5　智能生产线工艺过程仿真 153

任务 5.1　基于时间和基于事件的过程仿真 153
- 5.1.1　标准模式下机器人智能生产线的仿真 153
- 5.1.2　生产线仿真模式下机器人智能生产线的仿真 155

任务 5.2　物料流与传感器的创建 162
- 5.2.1　创建物料流 162

5.2.2 创建传感器 …………………… 165

任务 5.3 工艺过程中传感器的使用与逻辑块的编写 ………… 169

5.3.1 传感器信号驱动工艺流程 …… 169
5.3.2 逻辑块实现零件计数功能 …… 173

技能实训 5.4 智能生产线工艺流程信号处理 ……………… 179

5.4.1 工作站传感器创建 …………… 179
5.4.2 工作站逻辑块编写 …………… 180
5.4.3 生产线工艺流程信号条件设定 … 181

项目 6 智能生产线工艺过程信号交互 ………… 182

任务 6.1 生产线设备智能组件的定义 …………………… 182

6.1.1 旋转料仓的智能组件定义 …… 182
6.1.2 机器人夹爪的智能组件定义 … 185

任务 6.2 机器人交互信号协同 …… 192

6.2.1 机器人交互信号的创建 ……… 192
6.2.2 机器人与智能组件的协同 …… 195

任务 6.3 PLC 模块交互信号协同 …… 197

6.3.1 PLC 模块的创建与编程 ……… 197
6.3.2 PLC 模块与智能组件的协同 … 200

技能实训 6.4 机器人工作站信号交互 …………………… 201

6.4.1 涂胶工作站智能组件定义与信号协同 …………………… 201
6.4.2 喷涂工作站智能组件定义与信号协同 …………………… 201

项目 7 智能生产线工艺过程虚拟调试 ………… 203

任务 7.1 智能生产线工艺流程虚拟调试建设 …………………… 203

7.1.1 工艺操作虚拟调试启动条件创建 … 203
7.1.2 机器人多工艺操作虚拟调试集成 … 209

任务 7.2 PLC 虚拟调试工程项目建设 …………………… 213

7.2.1 PLC 工程项目创建 …………… 213
7.2.2 PLC 工程项目运行 …………… 219

任务 7.3 智能生产线虚拟调试 …… 220

7.3.1 PS 软件与外部 PLC 连接的设定 … 220
7.3.2 PS 软件与外部 PLC 信号的互连 … 223

技能实训 7.4 智能生产线虚拟调试 …………………… 224

7.4.1 PS 软件的虚拟调试设定 ……… 224
7.4.2 PLC 虚拟调试软件的工程创建 … 224
7.4.3 机器人分拣工作站虚拟调试 … 225

附录 二维码视频清单 ………… 226

第1篇 基 础 篇

项目 1　PDPS 软件基础操作

【项目引入】

如何实现规模化定制，既能满足客户的个性化需求，又能控制生产成本，是当前企业普遍面临的挑战。为了应对这些挑战，制造商需要利用企业知识和产品的三维模型及相关资源，以虚拟仿真方式对制造流程进行事先验证。制造工程师可在其中重用、创建和验证制造流程序列来仿真真实的过程，优化生产周期和节拍，这样将大幅减少试错成本，并且可以不断调优，助力定制产品快速生产上市。Tecnomatix PDPS 软件为生产线的虚拟仿真验证提供了强大的技术支持。

【学习目标】

1) 了解 Tecnomatix PDPS 软件的功能和应用场景。
2) 掌握智能生产线数字化模型的转换与预处理方法。
3) 掌握 PDPS 工程的建立与保存方法。

任务 1.1　Tecnomatix PDPS 软件的认知

1.1.1　PDPS 简介

Tecnomatix 是西门子公司一套全面的数字化制造解决方案。PDPS 是 Process Designer & Process Simulate 的简称，是 Tecnomatix 旗下的产品之一。PDPS 包含两个不同功能的软件模块，即 PD（Process Designer）和 PS（Process Simulate）。PD 的主要功能是实现数据管理与工艺规划，PS 的主要功能是实现仿真验证与离线编程。

PDPS 可以为生产企业提供多种功能：
1) 协助工艺人员进行工艺方案设计和验证；
2) 协助设计人员完成工装夹具、焊钳等生产设备的干涉性验证与修改；
3) 通过工业机器人可达性验证以及负载计算，为工业机器人选型提供参考依据；
4) 使生产过程可视化，提前预知和排除风险点，提高生产的良品率；
5) 优化工艺路径，使工作节拍满足生产需求；

6）模拟多种生产场景，将生产风险降到最低；

7）可输出工业机器人离线程序，大幅提高工业机器人调试的工作效率；

8）通过模拟人在生产过程中的劳动场景，提供人因工程的评价；

9）通过模拟产品生命周期真实流程来提高流程质量；

10）在虚拟环境中对生产设备和 PLC 程序提前进行调试和验证。

PDPS 具有多种功能模块，这些功能模块所提供的方案能够使现场的工艺问题在数字化环境下提前得到分析和处理，从而缩短产品工艺准备周期，提高工艺设计质量。

1. 虚拟装配仿真

利用装配过程的仿真与验证功能，可以对装配顺序、人员作业以及设备交互进行仿真，以便在生产启动前优化装配流程，并分析包含装配环境因素的装配过程，避免动态过程中可能存在的干涉（见图 1-1）。

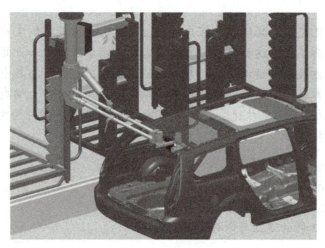

图 1-1　PDPS 虚拟装配仿真

2. 装配路径自动计算

为某些装配路径复杂的产品规划路径时，只需给出零件安装前的位置和装配位置，通过系统自动计算装配路径功能，计算出零件安装到装配位置的位移和转动，可保证零件在装配过程中不与周围工装、其他零件等实体发生干涉（见图 1-2）。

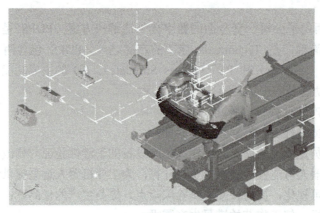

图 1-2　PDPS 装配路径的自动计算

3. 人因工程分析

通过精确的人体仿真，可以开发更安全、更符合人机工程学原理的人工操作，并进行可达性、可见性、可维修性、舒适度、力量、能量消耗、疲劳强度、工作姿态等多方面的人因工程分析（见图1-3）。

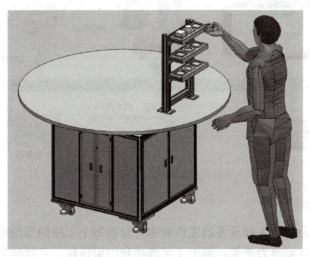

图1-3　PDPS 人因工程分析

4. 工业机器人仿真和离线编程

为工业机器人的应用开发制定工艺流程并进行仿真，支持如点焊、弧焊、激光焊、铆接、装配、包装、搬运、去毛倒刺、涂胶、抛光、喷涂、滚边等工业机器人操作，尤其能够针对生产制造区域内多个工业机器人的协同应用，进行基于事件的仿真、离线编程和虚拟调试，优化工业机器人的工作路径，实现无干涉的工业机器人运动规划，生成已充分验证的工业机器人离线程序（见图1-4）。通过仿真验证后，可以将离线程序导出，并下载到实体工业机器人中。

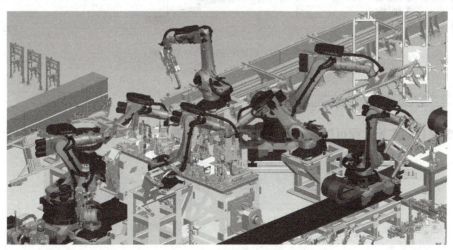

图1-4　PDPS 工业机器人仿真和离线编程

5. 生产线虚拟试运行

PS 通过 OPC DA（数据访问）、OPC UA（统一构架）服务器或者 PLCSIM Advanced 软

件，可以方便地与 PLC（可编程逻辑控制器）通信，实现虚拟生产过程验证、工业机器人程序验证、安全互锁测试、执行系统诊断测试等功能（见图 1-5），还可以进行带有虚拟传感器的生产线自动化设计。

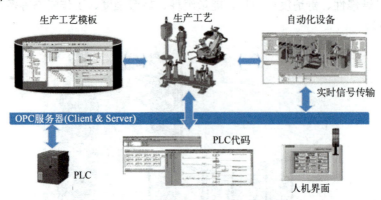

图 1-5　PDPS 生产线虚拟试运行

6．生产线节拍平衡

根据工时计算，分析工人和设备的工作效率；分析每个工序的节拍时间，调整工序间的负荷分配，使各个工序达到能力平衡；基于工艺顺序和约束条件，可视化交互式调整生产线工位的时间节拍，平衡生产线节拍（见图 1-6）。

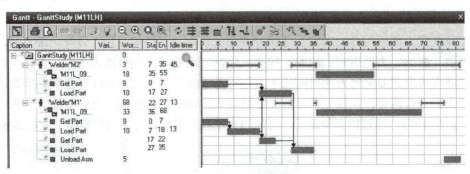

图 1-6　PDPS 生产线节拍平衡

1.1.2　PDPS 项目的实施过程

PDPS 项目的实施过程可以分为四个部分（见图 1-7）。

图 1-7　PDPS 项目的实施过程

1．数据整理

1）在新建的 PD 项目中导入产品和生产线设备的数字模型数据，并定义好它们的资源类型，形成零件库和资源库。如果生产工艺操作中需要使用制造特征，则还需要导入制造特征数据，形成制造特征库。

2）创建工艺操作库，在工艺操作库中添加工艺操作，以便在规划生产工艺流程时从库中调用所需的工艺操作。

3）从零件库中调用所需的零件，根据产品结构及制造工序创建产品对象。

4）创建孪生的生产资源树与工艺操作树，为生产资源和工艺操作的规划做准备。

2. 初步规划

1）根据工艺设计要求从资源库中选择合适的生产设备，并将它们分配到生产资源树所对应的工作站中。

2）根据工艺设计要求从工艺操作库中选择合适的工艺操作，并将它们分配到工艺操作树所对应的工作站中。

3）根据工艺设计要求创建产品的生产工艺流程。

4）将制造特征数据与产品进行关联，再将产品零件和制造特征数据分配到对应的工作站中。

5）根据工艺设计要求对生产资源进行规划布局，后续仿真验证时可以继续对生产资源布局进行修改和优化。

6）建立 PS 示教接口，以便在 PD 中启动 PS，并在 PS 中进行工艺仿真及虚拟调试。

3. 仿真验证

1）对所有需要执行动作的生产设备进行运动学定义。

2）定义生产设备执行工艺操作所需要的动作姿态。

3）对工业机器人的末端执行器进行工具定义并根据需要进行安装。

4）详细规划工业机器人的工艺路径及其他生产设备的工艺操作，并进行仿真验证。

5）对生产线整体工艺过程进行仿真验证并优化。

4. 虚拟调试

1）在生产线仿真模式下创建物料流，以便产品零件对象在工艺流程中正确显示。

2）定义传感器和智能组件，使生产设备能够在外部信号控制下执行工艺动作。

3）设定工业机器人交互信号并编写多工艺路径程序。

4）建立 PS 与 PLC 之间的连接，将 PS 中的输入输出信号与 PLC 中的输入/输出信号进行映射，通过运行 PLC 程序控制 PS 中的生产线工艺流程运转，验证 PLC 程序的正确性。

任务1.2　智能生产线数字模型的转换与预处理

1.2.1　从 CAD 软件导出轻量化格式文件

码 1-1　NX 转 JT

PDPS 中使用的数字模型来源于 CAD 软件，CAD 软件中创建的原始数字模型文件包含丰富的设计信息，若 PDPS 直接使用原始数字模型文件会为工艺仿真带来不必要的负担，因此需要对原始数字模型文件进行轻量化处理。实际上，PDPS 中使用的数字模型文件格式为 JT 格式，而主流 CAD 软件均可以将建模产生的原始文件导出为轻量化的 JT 格式文件。现以 NX 软件为例，将 PRT 格式的数字模型文件转换为 JT 格式文件。

在 NX 中创建的数字模型，其默认保存格式是 PRT 文件，需要在软件主界面中选择"文件"→"导出"→JT 命令进行保存（见图1-8）。

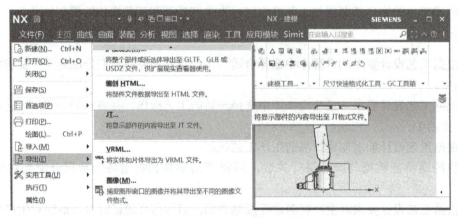

图 1-8　NX 环境下保存为 JT 格式

在弹出的"导出 JT"对话框中可以对导出文件进行设置（见图 1-9）。在"文件"选项卡的"输出文件"选项中设定输出文件路径和文件名称，并在"组织 JT 文件"选项的下拉列表框中选择"作为单个文件"，其余设置保持默认。

图 1-9　NX 环境下导出 JT 格式文件

小贴士：在"要导出的数据"选项卡中，"显示对象"选项区保持默认设置即可，不要勾选任何复选框。因为模型对象作为单个节点导出后，其各个部件之间会形成一体化的刚体，导致在 PS 中无法为该对象模型设定动作。

码 1-2　批量转 JT

1.2.2　使用第三方工具软件进行格式转换

对于一条生产线来说会涉及很多数字模型文件，在 CAD 软件中逐一进行格式转换会很烦琐，此时可以借助第三方数字模型文件转换工具来做文件格式转换。

DATAKIT CrossManager 是一款非常好用且功能强大的 CAD 文件转换工具，可以批量转换数字模型文件。

打开 CrossManager 软件后，在软件主界面单击"添加文件"按钮，加载需要转换的文件（见图 1-10）。

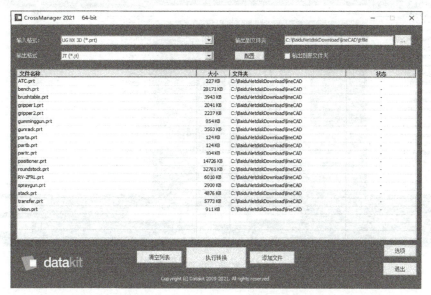

图 1-10　CrossManager 基本使用

数字模型文件添加完毕后，在"输入格式"选项的下拉列表框中选择数字模型文件的类型，比如 UG NX 3D 格式；在"输出格式"选项的下拉列表框中选择 PDPS 所使用的 JT 文件格式；在"输出到文件夹"选项的文本框中设置转换后的文件存放路径。

如果需要对转换过程做详细控制，可以单击软件主界面中的"配置"按钮，在弹出的 Tesselated Data Write Options 对话框中根据转换需求进行设置（见图 1-11），一般保持默认设置即可。需要注意的是，在 Entity Conversion 选项区中通常保持 Keep Assembly Information 复选框处于勾选状态不变。

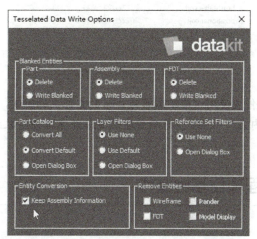

图 1-11　CrossManager 文件转换设置

所有设置完毕后在软件主界面单击"执行转换"按钮，待文件转换成功后，软件主界面列表框中文件所对应的状态栏会显示"确认"字样（见图 1-12）。

图 1-12　CrossManager 文件转换成功

1.2.3　目标数模文件的预处理

JT 格式的数字模型文件在 PDPS 中不能直接被使用，需要将生产线中每个对象的 JT 格式文件存放到各自独立的文件夹下，同时这个文件夹名字的扩展名必须是.cojt 才能被 PDPS 识别（见图 1-13）。对于 Windows 操作系统来说，扩展名为.cojt 的文件夹仅仅是一个包含有 JT 格式文件的普通文件夹而已；但对于 PDPS 软件来说，扩展名为.cojt 的文件夹就是对象文件，其包含的 JT 格式文件则是对象文件所需包含的内容。

图 1-13　JT 格式文件的组织

小贴士：在 PDPS 软件中使用这些扩展名为.cojt 的文件夹的时候，不要通过 Windows 操作来更改这些文件夹内的任何内容，否则 PDPS 软件会因无法正常处理对象文件而导致对象文件崩溃。

任务 1.3　PD 工程项目基础操作

1.3.1　创建 PD 工程项目

在 PDPS 的实际工程应用中，企业通常使用 PD 管理生产线项目

码 1-3　创建 PD 工程

数据，使用 PS 对生产线项目进行仿真，PS 由 PD 启动运行，PS 通过数据库服务器与 PD 同步。所以只需在 PD 中建立并管理工程项目即可。

1. 打开 PD 软件

在 Windows 操作系统中找到 Process Designer 快捷方式并打开 PD 软件。在弹出的登录界面中（见图 1-14），在 Username 文本框内输入用户名，Password 文本框内输入密码，然后单击"OK"按钮即可进入 PD 软件主界面。

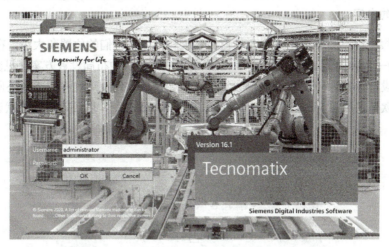

图 1-14　PD 软件登录界面

PD 软件主界面是由很多窗口组合而成，图 1-15 所显示的是默认标准配置下的窗口布局形式。

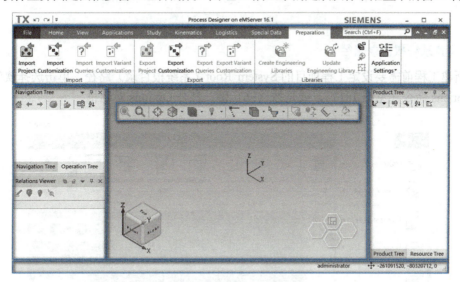

图 1-15　PD 软件主界面

1）软件主界面的上方是菜单栏，底部是状态信息显示栏。

2）软件主界面的左侧由 Navigation Tree（导航树）窗口、Operation Tree（操作树）窗口、Relations Viewer（关联查看器）窗口组成，其中 Navigation Tree 窗口、Operation Tree 窗口叠加成一个合成窗口处于 Relations Viewer 窗口上方。

3）软件主界面的中间是 Graphic Viewer（图形观察器）窗口，用来显示三维数字模型场景。Graphic Viewer 窗口内的上方还悬浮着 Graphic Viewer 工具栏，该工具栏包含了关于图形对象的常用操作功能按钮。Graphic Viewer 窗口内的左下方是视图导航立方体，用于快速切换视图到所选择的视角以显示和观察对象。

4）软件主界面的右侧由 Product Tree（产品树）窗口和 Resource Tree（资源树）窗口组成，这两个窗口叠加在一起，以合成窗口的形式位于软件主界面的右侧。

小贴士： 对于合成窗口，使用鼠标单击合成窗口下方不同的窗口名字，可以激活对应的窗口以显示不同的内容。

用户可以根据自己的需要来定制各种窗口显示与否以及它们的位置和大小。在软件主界面下依次单击 View→Layout Manager，Layout Manager 中包含多种布局设置方案（见图 1-16），其中 Standard 布局设置方案为 PD 默认布局设置方案。如果在软件使用过程中需要还原到初始布局，可以单击选择软件主界面 View→LayoutManager→Standard 命令，以还原窗口的默认布局设置。

图 1-16　PD 软件主界面窗口布局设置

2．设置系统根目录路径

在新建工程前需要设定工程项目的 System Root（系统根目录）路径。单击选择软件主界面 File→Options 命令（见图 1-17），或是按〈F6〉键，打开 Options 对话框。

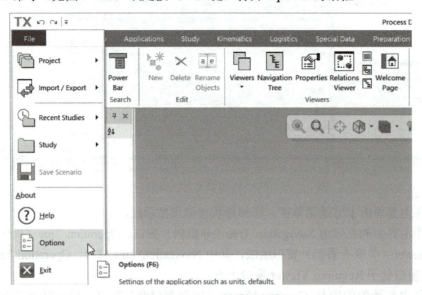

图 1-17　PD 工程项目设置

在 Options 对话框的 eMServer 选项卡下，包含有 System Root、File System Locations、Check In/Check Out、File Attachments 等选项区。在 System Root 选项区中设定本工程项目所使用的 System Root 路径（见图 1-18），比如 C:\myline。生产线的所有对象文件应存放于 System Root 路径下。

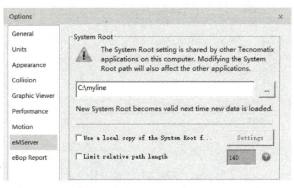

图 1-18　PD 系统根目录设定

小贴士：目前 PDPS 仅支持英文路径，如果路径中包含中文，打开工程项目时 PD 软件会报错；System Root 路径内必须包括工程项目中所用到的所有对象文件，否则 PD 软件会报告找不到相关对象文件。

当设定好新的 System Root 路径时，File System Locations 选项区中的文件系统目录会与 System Root 路径自动保持一致。如果需要在该工程项目中进行图像视频存取操作，还需要在 File Attachments 选项区中设定图片和视频文件的存取路径（见图 1-19）。

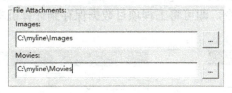

图 1-19　PD 工程项目图像文件存取目录设定

3．创建工程项目

设定 System Root 路径完毕后，选择软件主界面 File→Project→New Project 命令以新建工程项目（见图 1-20）。

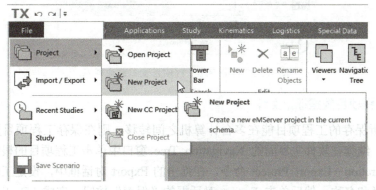

图 1-20　新建 PD 工程项目

在弹出的 New Project 对话框中，New Project Name 文本框内输入工程项目名称，比如 myline，然后单击 OK 按钮，完成工程项目的创建（见图 1-21）。

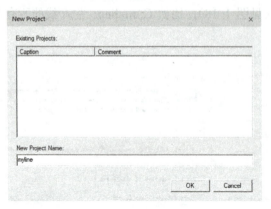

图 1-21　新建 PD 工程项目设定

1.3.2　保存 PD 工程项目

码 1-4　保存 PD 工程项目

PD 工程项目在不同的使用场景中使用不同的保存方式，常用的保存方式有以下三种。

1. 保存工程项目到本地数据库

如果工程项目始终保持在一台固定的计算机上使用，则只需将工程项目数据保存到计算机本地数据库中。在软件主界面的 Navigation Tree 窗口中单击工程项目的根节点，再选择软件主界面 File→Save Scenario 命令，即可将工程项目数据保存到计算机本地数据库中（见图 1-22）。

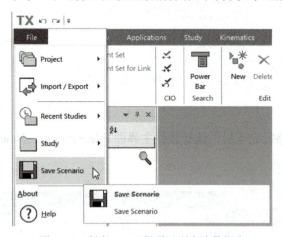

图 1-22　保存 PD 工程项目到本地数据库

2. 导出工程项目数据标记文件

如果希望所保存的工程项目能在多台计算机之间转移，则在保存工程项目数据到计算机本地数据库之后，继续在软件主界面的 Navigation Tree 窗口中单击工程项目的根节点，再选择软件主界面 Preparation→Export Project 命令，在弹出的 Export 对话框中，设定工程项目数据标记文件保存的路径和名称，然后单击 Export 对话框的"保存"按钮，完成 PD 工程项目数据的导出保存（见图 1-23）。这里导出的文件类型为 XML（.xml 文件）格式，一般将它存放在 PD 中所设定的 System Root 路径下。

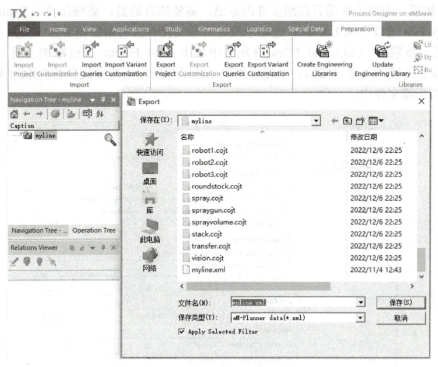

图 1-23　导出 PD 工程项目数据标记文件

小贴士：XML 文件只是工程项目数据标记文件，真正的生产线对象数据存放在 System Root 路径下的相关对象文件之中。当 PD 工程项目需要在多台计算机之间转移时，需要将该工程项目所对应的 System Root 路径下的所有内容连同 XML 文件一起复制转移。

3. 导出工程项目压缩文件

PD 可以将整个工程项目内容压缩成一个.pgz 文件来备份，以便在多台计算机之间转移工程项目。在软件主界面的 Navigation Tree 窗口中单击工程项目根节点，再选择软件主界面 File→Import/Export→Pack and Go Export 命令（见图 1-24）。

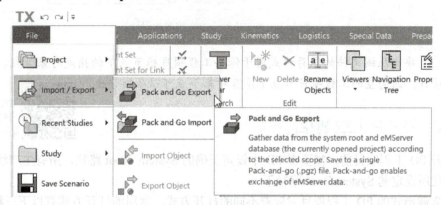

图 1-24　PD 导出压缩文件命令

在弹出的 Export Pack and Go 向导对话框中，用户可以根据向导逐步进行设置，一般只需保持默认设置并单击 Next 按钮进入下一步即可。当完成所有步骤后，单击向导对话框中的 Finish 按钮，完成工程项目压缩文件的导出。需要注意的是，必须在 2.1 Export Options 步骤的 Zip File 选项区的 Location 选项中设定压缩文件存放的路径和名称（见图 1-25），并在 2.3 Files 步骤的 Additional Files 选项区中单击 Add Folder 按钮添加当前工程项目的 System Root 路径（见图 1-26），以便将当前工程项目的所有对象文件作为附加文件添加到所要导出的压缩文件中。

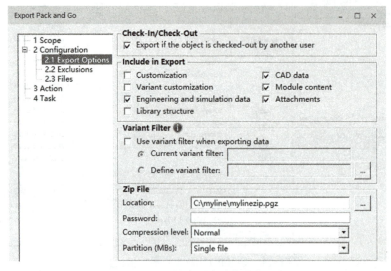

图 1-25　PD 导出压缩文件路径设定

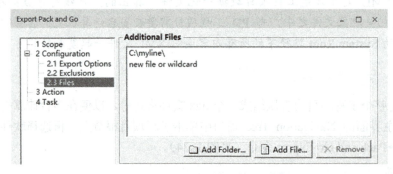

图 1-26　PD 导出压缩文件增加附件

小贴士：导出压缩文件的保存方式用于保存工程项目根节点下的指定对象节点，不能导出空的工程项目，因为空的工程项目节点下没有对象节点可以压缩导出。

码 1-5　打开 PD 工程项目

1.3.3　打开 PD 工程项目

在打开 PD 工程项目前，需要在 PD 中设定正确的 System Root 路径，所有生产线对象文件必须存放在所设定的 System Root 路径下。

不同来源形式的 PD 工程项目对应着不同的打开方式，常用的打开方式有以下三种：

1．通过本地数据库打开工程项目

当 PD 工程项目数据保存在计算机本地数据库中时，选择软件主界面 File→Open Project 命令（见图 1-27）。

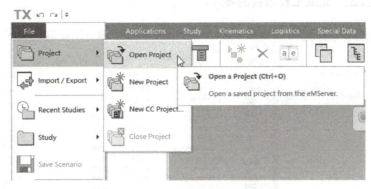

图 1-27　打开 PD 工程项目命令

在弹出的 Open Project 对话框中，单击 Projects List 列表框内所需打开的工程项目，然后单击 OK 按钮即可打开该工程项目（见图 1-28）。

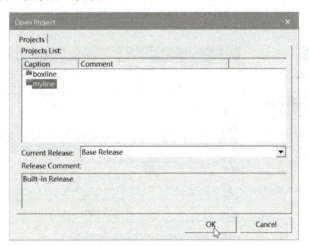

图 1-28　打开 PD 工程项目设定

2．通过数据标记文件导入工程项目

当 PD 工程项目数据以 XML 文件的形式保存在计算机本地存储器目录中时，选择软件主界面 Preparation→Import Project 命令，然后在弹出的对话框中找到工程项目对应的数据标记文件（.xml 文件），再单击对话框中的 Import 按钮，完成工程项目数据的导入（见图 1-29）。

3．通过压缩文件导入工程项目

当 PD 工程项目以压缩文件（.pgz 文件）的形式保存在计算机本地存储器目录中时，则需要在导入工程项目之前先创建一个新的工程项目，然后在软件主界面的 Navigation Tree 窗口中单击新建的工程项目，再选择软件主界面 File→Import/Export→Pack and Go Import 命令（见图 1-30）。

在弹出的 Import Pack and Go 向导对话框中，用户需要在 1 Scope 步骤的 Imported Zip File 选项区的 File 选项中设定待导入的压缩文件的路径和名称（见图 1-31），并在 2.1 Import

Options 步骤的 General 选项区的 Target folder for non system root files 选项中设定压缩文件中附加的工程对象文件的解压路径（见图 1-32），通常设定为当前工程项目的 System Root 路径，其余设置则可以保持默认状态，单击 Next 按钮进入下一步，直至完成所有步骤，最后单击向导对话框中的 Finish 按钮，完成工程项目的导入。

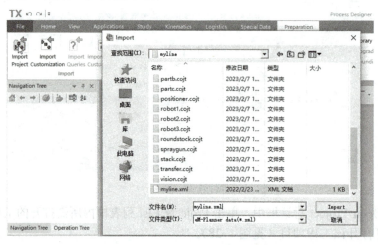

图 1-29　PD 导入已有工程项目

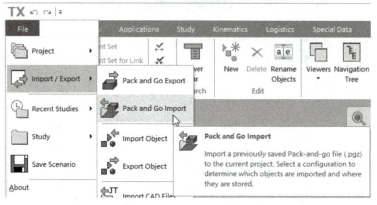

图 1-30　PD 导入压缩文件命令

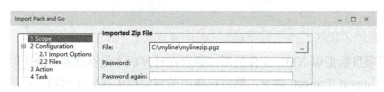

图 1-31　PD 导入压缩文件导入路径设定

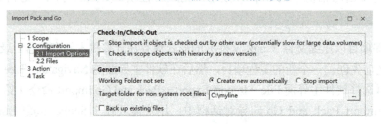

图 1-32　PD 导入压缩文件附件解压路径

技能实训 1.4　智能生产线 PD 工程项目的建立与使用

1.4.1　机器人智能生产线资源制作

本书的配套资源中包含一套智能生产线三维数字模型文件（见图 1-33），首先将这些 .prt 文件转换为轻量化的 .jt 格式文件，然后将转换完成的 .jt 格式文件组织成能够被 PDPS 软件使用的形式。

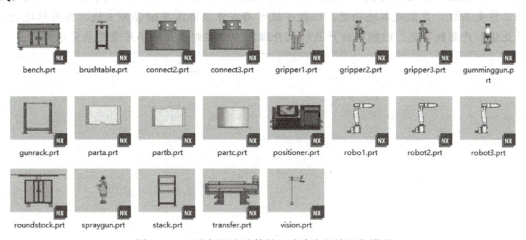

图 1-33　工业机器人分拣装配喷涂生产线设备模型

1.4.2　机器人智能生产线 PD 工程项目操作

创建 PD 工程项目并复制到其他计算机上使用。
1）在 PD 中设定工程项目系统根目录，将组织好的数字模型文件存放到该目录下。
2）新建 PD 工程项目，将工程项目名称命名为 myline。
3）保存新建的工程项目，导出工程项目数据标记文件。
4）将保存好的工程项目复制到另一台计算机上。
5）将复制而来的工程项目导入到 PD 中使用。

【实训考核评价】

根据学生的实训完成情况给予客观评价，见表 1-1。

表 1-1　实训考核评价表

考核内容	配分	考核标准	得分
数字模型转换	30	将三维 CAD 模型正确转换为 .JT 格式文件	
数字模型组织	20	正确组织 .JT 格式文件为 PD 的工程项目所用	
PD 工程项目建立	20	正确设置 PD 的工程项目系统根目录 正确建立 PD 工程项目	

(续)

考核内容	配分	考核标准	得分
PD 工程项目保存	20	正确导出 PD 项目 正确保存所有项目内容	
PD 工程项目导入	10	正确导入 PD 工程	
合 计			

素养小栏目

　　我们立足于自主创新的基础上，可以在国际化中虚心学习国外先进的工业数字化软件技术，通过生产系统的建模与仿真，助力我国企业在产品、工艺、产线等方面的研发与验证工作更高效、更低成本地推进，以数字技术与实体经济深度融合为主线，协同推进数字产业化和产业数字化，赋能传统产业转型升级，为中国制造业的高质量发展贡献力量。

第 2 篇 应 用 篇

项目 2　智能生产线工艺规划与设备布局

【项目引入】

生产线是产品成形的重要阵地，如何确保产品在投入生产前做好生产线规划是非常重要的。在生产规划环节，利用 PD 软件对工厂的生产线布局、设备配置、生产制造工艺路径等进行预规划，然后利用 PS 软件在仿真模型中"预演"生产过程，对生产过程进行分析、评估、验证，迅速发现系统运行中存在的问题和待改进处，并及时进行调整与优化，减少后续生产执行环节对于实体系统的更改与返工，从而有效降低成本、缩短工期、提高效率。

【学习目标】

1) 了解智能生产线数字资源的组织方法。
2) 掌握智能生产线数字模型的布局定位方法。
3) 熟悉智能生产线工艺的规划过程。

任务 2.1　智能生产线数据资源组织

2.1.1　建立项目库

码 2-1　建立项目库

智能制造背景下的大规模定制化生产，其产品由不同的通用零件组合而成，生产线由不同的通用生产设备组合而成，生产工艺由不同的通用生产工艺操作组合而成。在 PD 项目中将通用零件组织成 Part Library 库（零件库），通用生产设备组织成 Resource Library 库（资源库），通用生产工艺操作组织成 Operation Library 库（工艺操作库），直接调用项目库中的对象可以显著提高产品及其对应生产线的规划速度。在规划产品和生产线之前，应首先完成零件库、资源库和工艺操作库的创建。

1. 创建零件库和资源库

零件库和资源库在 PD 中都属于 Engineering Libraries（工程库）。PD 通过设定数字模型的资源类型来创建工程库,并形成独立的零件库和资源库。

1)打开 PD,在进行工作任务之前需要设定正确的 System Root 路径。在本书案例中,生产线的所有对象文件都放置在 myline 文件夹下,System Root 路径需要指向这个文件夹(见图 2-1)。

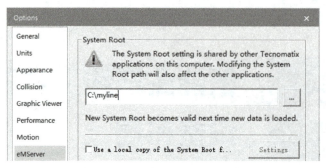

图 2-1　PD 设定 System Root 路径

2)新建 PD 工程项目并命名为 myline,在软件主界面的 Navigation Tree 窗口中单击选中工程项目根节点 myline,再选择软件主界面 Preparation→Create Engineering Libraries 命令,在弹出的 Directory browser 对话框中选中 System Root 路径所对应的文件夹 myline,然后单击 Next 按钮(见图 2-2)。

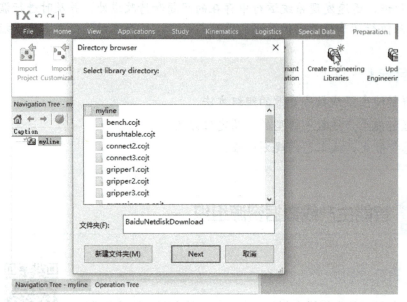

图 2-2　PD 建立工程库选择文件目录

3)在弹出的 Type Assignment 对话框中,分别单击列表框中每一个对象的 Type 栏,在下拉列表中为该对象选择合适的类型(见图 2-3)。

设定对象类型实际上是对生产数据做分类管理,不同企业的标准可能略有差异,在设定类型时需要遵守企业制定的标准。对于类型十分明确的对象,比如产品零件、机器人、夹爪等,都有专门类型与之对应;对于有工艺动作的常规对象,如变位机,可以设定为 Device 类型;对于没有关联工艺操作的对象,或是难以明确类型的对象,比如基座、布局图等,可以设定为 ToolPrototype 类型。本书案例中所有资源对象的类型设定见表 2-1。

项目 2　智能生产线工艺规划与设备布局

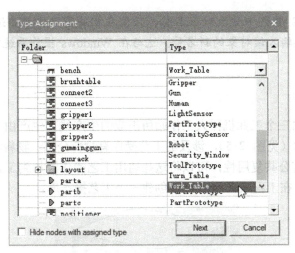

图 2-3　设定工程库的资源对象类型

表 2-1　资源对象类型设定

资源对象	对象类型	资源对象	对象类型
bench	Work_Table	partb	PartPrototype
brushtable	Turn_Table	partc	PartPrototype
connect2	Flange	positioner	Device
connect3	Flange	Robot1	robot
gripper1	gripper	Robot2	robot
gripper2	gripper	Robot3	robot
gripper3	gripper	roundstock	Turn_Table
gumminggun	Gun	spraygun	Gun
gunrack	ToolPrototype	stack	ToolPrototype
layout	ToolPrototype	transfer	Conveyer
parta	PartPrototype	vision	ToolPrototype

4）将所有对象类型设定完毕后，单击 Type Assignment 对话框中的 Next 按钮完成工程库的创建。此时 Navigation Tree-myline 窗口中的根节点 myline 下会出现两个新增的工程库节点（见图 2-4）。其中节点 EngineeringPartLibrary 为零件库，其包含的对象是类型定义为 PartPrototype 的产品零件资源；节点 EngineeringResourceLibrary 为资源库，其包含的对象是用于生产产品的各种生产设备资源。如果需要更改库的名称，可以在 Navigation Tree 窗口中单击选中库所对应的节点，按〈F2〉键后直接输入该库的新名称。

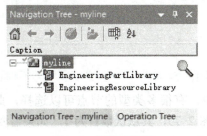

图 2-4　创建工程库

小贴士：在 PDPS 软件中更改对象名称，只需在相关窗口中单击选中该对象所对应的节点，按〈F2〉键后直接输入该对象的新名称。这与在 Windows 操作系统中更改文件名称的方法是一样的。

2. 创建工艺操作库

本书案例是一条由三个工业机器人工作站所组成的生产线，生产由上盖、下盖、芯柱三个零件组合而成的装配体（见图 2-5），涉及的工艺操作有物料分拣、物料组装、物料喷涂等。假定这三个工艺操作具有公共复用性，可以将这些通用工艺操作添加到工艺操作库以供生产线工艺规划时使用。下面将在工程项目 myline 下创建一个工艺操作库。

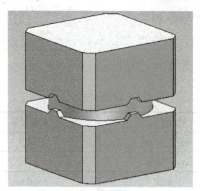

图 2-5　产品零件示意图

1）右击 Navigation Tree-myline 窗口中的根节点 myline，在弹出的快捷菜单中选择 New 命令（见图 2-6），用以在根节点 myline 下增加新的子节点。

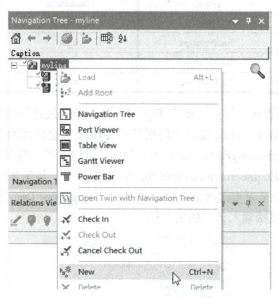

图 2-6　Navigation Tree-myline 窗口中增加新节点

在弹出的 New 对话框中，有很多类型的节点可以选择，此处单击勾选 OperationLibrary（工艺操作库）类型节点（见图 2-7），其默认数目为 1，如果需要对数目进行修改，可以单击对应的 Amount 栏以输入新的数值。

单击 New 对话框的 OK 按钮确认后，Navigation Tree-myline 窗口中根节点 myline 下会新增一个工艺操作库类型节点 OperationLibrary（见图 2-8）。

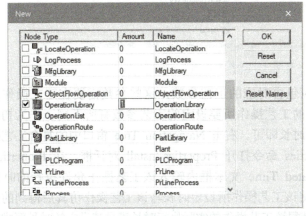
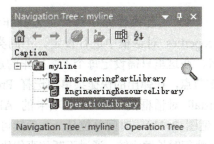

图 2-7　选择新增节点的类型和数目　　　　　　图 2-8　新增工艺操作库节点完成

2）新建的工艺操作库是空的，需要在工艺操作库节点下新建通用工艺操作，方法与新建工艺操作库类似。右击 Navigation Tree 窗口中的工艺操作库节点 OperationLibrary，在弹出的快捷菜单中选择 New 命令，然后在弹出的 New 对话框中单击勾选 CompoundOperation（复合工艺操作）类型节点（见图 2-9），并修改其数目为 3，最后单击 New 对话框的 OK 按钮确认，完成三个复合工艺操作的创建。

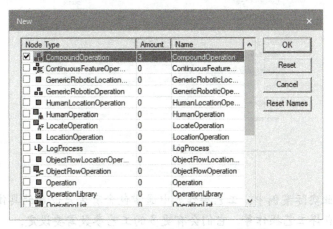

图 2-9　为工艺操作库新增复合工艺操作

小贴士：复合工艺操作（CompoundOperation）是多个工艺操作的集合。本书案例在 PD 中规划生产工艺时使用一个复合工艺操作代表一个工作站的所有工艺操作，而复合工艺操作所要包含的具体工艺操作，可以在后续 PS 仿真时进行添加。

3）双击 Navigation Tree 窗口中的节点 OperationLibrary 打开工艺操作库，此时 Navigation Tree 窗口中的根节点发生变换，由原来的工程项目 myline 变换为工艺操作库 OperationLibrary。展开该工艺操作库节点 OperationLibrary，可以看到使用相同默认名称 CompoundOperation 的三个复合工艺操作节点（见图 2-10）。根据实际工艺流程，将此三个复合工艺操作节点名称分别改为 sort（分拣）、install（装配）、spray（喷涂），以方便工程项目人员识别。

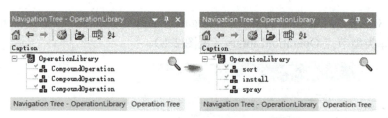

图 2-10　查看工艺操作库内容

4）工艺操作库中每个工艺操作都应包含对应的工艺参数，这些参数需要在工艺操作的 Properties 对话框中进行设定。不同类型的工艺操作所要设定的工艺参数有所不同。作为初学者，在这里只需设定每个工艺操作的规划时长即可。右击 Navigation Tree 窗口中的复合工艺操作节点，在弹出的快捷菜单中选择 Properties 命令打开 Properties-install 对话框。在 Properties-install 对话框的 Times 选项卡的 Allocated Time 文本框内输入该工艺操作允许执行的时长（见图 2-11），时间单位是 s。后续可以将该工艺操作所设定时长与该工艺操作仿真后得到的实际执行时长做比较，通过不断仿真优化，使得该工艺操作的实际执行时长满足其设定的时长要求。

图 2-11　为工艺操作分配时长

小贴士： 在企业实际案例中，工艺操作库中通常包含有生产设备的具体工艺操作，比如工业机器人的弧焊、点焊工艺操作等，它们会有更多的工艺参数需要设定。

完成 sort、install、spray 三个工艺操作的规划时长设定后，单击 Navigation Tree-OperationLibrary 窗口工具栏上的 Home 按钮（见图 2-12），Navigation Tree-OperationLibrary 窗口中所显示的根节点将从工艺操作库节点 OperationLibrary 恢复到工程项目节点 myline。

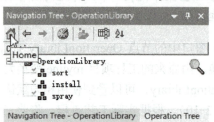

图 2-12　Navigation Tree-OperationLibrary 窗口显示对象复位

2.1.2 产品与生产线架构规划

1. 产品架构规划

码 2-2 产品架构规划

本书案例中生产线所生产的产品是一个由零件 parta（上盖）、零件 partb（下盖）、零件 partc（芯柱）并列组合而成的装配体 part_abc，在 PD 内要对产品 part_abc 的组成架构进行规划。

（1）创建产品零件

1）新增复合零件节点。类似于工艺操作库的创建，右击 Navigation Tree 窗口中的根节点 myline，在弹出的快捷菜单中选择 New 命令，然后在弹出的 New 对话框中单击勾选 CompoundPart 类型节点，最后单击 OK 按钮确认。确认后在 Navigation Tree-myline 窗口中的根节点 myline 下会新增一个名为 CompoundPart 的节点（见图 2-13），将其重命名为 part_abc。

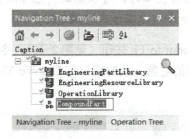

图 2-13　创建复合零件节点

2）加载产品零件节点。右击 Navigation Tree-myline 窗口中的节点 part_abc，在弹出的快捷菜单中选择 Add Root 命令，将其加载到 Product Tree 窗口的根节点上（见图 2-14）。

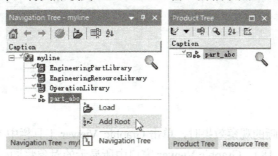

图 2-14　加载复合零件节点

（2）组合产品零件

双击 Navigation Tree-EngineeringPartLibrary 窗口中的节点 EngineeringPartLibrary 打开零件库，将这个零件库中的 parta、partb 和 partc 分别拖拽到 Product Tree 窗口的根节点 part_abc 下（见图 2-15）。

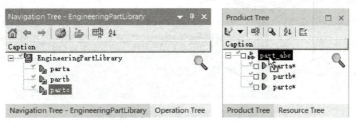

图 2-15　构建产品零件

（3）Graphic Viewer 窗口观察产品零件对象

part_abc 构建好后即可在 Graphic Viewer 窗口中显示和观察这个产品零件对象。

1）右击 Product Tree 窗口中的根节点 part_abc，在弹出的快捷菜单中选择 Display 命令令其在 Graphic Viewer 窗口中显示（见图 2-16），或单击节点 part_abc 左侧的小方框使其为实心状态，以确保该对象在 Graphic Viewer 窗口中处于显示状态。

图 2-16　显示产品零件

小贴士：在 PDPS 软件的所有窗口中，如果它所包含的对象节点左侧自带小方框，则可以单击这个小方框来切换该对象在 Graphic Viewer 窗口中的显示和隐藏状态。当小方框为实心时，对象显示；当小方框为空心时，对象隐藏。也可以直接右击目标对象，在弹出的快捷菜单中选择 Display 或 Blank 命令，以显示或隐藏该对象。

2）单击 Graphic Viewer→Zoom to Fit 按钮（见图 2-17），令 Graphic Viewer 窗口以合适的比例显示该窗口内所有被允许显示的对象。此时可以在 Graphic Viewer 窗口中观察到适才构建的产品零件 part_abc。

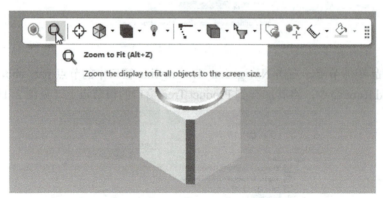

图 2-17　产品零件显示

3）需要获得更加清晰的观察效果时，单击 Graphic Viewer 工具栏中 View Style→Feature Lines Over Solid 按钮（见图 2-18），Graphic Viewer 窗口中所显示的对象将同时显示实体和轮廓线。

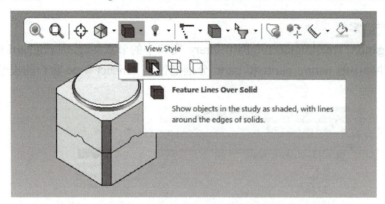

图 2-18　产品零件显示方式调整

小贴士：三维数字模型对象在 Graphic Viewer 窗口中能够单独显示实体、轮廓线或兼而有之，可以通过 Graphic Viewer 工具栏上的 View Style 按钮实时调整显示方式。

4）需要增大或减小观察范围时，将鼠标指针移至 Graphic Viewer 窗口中，上下滑动鼠标滚轮，Graphic Viewer 窗口将以鼠标指针所在的位置为原点，对视图进行放大或缩小。

5）需要改变观察视图的中心位置时，按下鼠标的滚轮和右键，同时在 Graphic Viewer 窗口中移动鼠标指针，视图的中心位置将跟随鼠标指针移动的方向进行平移。

6）需要改变视角来观察对象时，按下鼠标的滚轮，同时在 Graphic Viewer 窗口中移动鼠标指针，视图方向将根据鼠标指针移动的方向进行旋转。单击 Graphic Viewer 窗口中左下方的视图导航立方体可以将视图快速切换到所选择的标准视角，比如单击其 Top 面，就能从上往下垂直俯视整个场景。

小贴士：如果把工程项目保存后再重新打开，Graphic Viewer 窗口将不会显示 part_abc。只有将 part_abc 加载到 Product Tree 窗口的根目录下，并将其设定为显示状态，Graphic Viewer 窗口才会显示这个产品零件。

2. 制定生产线工艺流程

本书案例中，生产线划分为一个大区域，这个区域包含三个工业机器人工作站，依次为分拣工作站、装配工作站、喷涂工作站。依托于这三个工业机器人工作站，产品生产工艺流程分为分拣、装配、喷涂三个工序。这三个工序对应着工艺操作库中 sort、install、spray 三个复合工艺操作。

（1）分拣工序

旋转料仓旋转至分拣工位，在分拣工作站中，物料通过传送带途经机器视觉识别系统送到工业机器人取料处，工业机器人根据视觉识别的结果将物料抓放到旋转料仓中指定的仓位存放。

（2）装配工序

旋转料仓旋转至装配工位，在装配工作站中，工业机器人从旋转料仓取出下盖放置到变位机上进行涂胶，然后从旋转料仓分别取出芯柱、上盖，将它们与变位机上的下盖进行装配，装配完成后将整个装配体抓放到旋转料仓中指定的仓位存放。

（3）喷涂工序

旋转料仓旋转至喷涂工位，在喷涂工作站中，工业机器人从旋转料仓取出装配体到喷涂台上进行喷涂，喷涂完成后将整个装配体抓放到旋转料仓中指定的仓位存放。最后旋转料仓旋转至初始工位。

3. 生产线架构规划

（1）创建孪生工艺资源与工艺操作节点

右击 Navigation Tree 窗口中的根节点 myline，在弹出的快捷菜单中选择 New 命令，然后在弹出的 New 对话框中单击勾选 PrLine 类型节点（见图 2-19），最后单击 OK 按钮确认。此时在 Navigation Tree 窗口中的节点 myline 下会出现两个新节点，一个是 PrLine，另一个是由 PrLine 孪生出来的 PrLineProcess。

码 2-3 生产架构规划

（2）加载工艺资源节点

右击 Navigation Tree-myline 窗口中适才新增的节点 PrLine，在弹出的快捷菜单中选择 Add Root 命令，将其加载到 Resource Tree 窗口的根节点上（见图 2-20）。

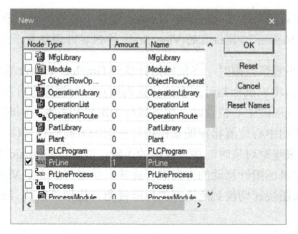

图2-19 新建孪生工艺资源节点

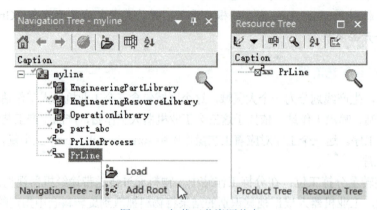

图2-20 加载工艺资源节点

(3) 规划生产线的工艺资源架构

按照生产线工艺流程要求,需要为生产线规划一个包含三个工作站的工作区。

1) 右击 Resource Tree 窗口中的根节点 PrLine,在弹出的快捷菜单中选择 New 命令,然后在弹出的 New 对话框中单击勾选 PrZone 类型节点(见图2-21),最后单击 OK 按钮确认。此时在 Resource Tree 窗口中的根节点 PrLine 下会新增一个节点 PrZone。

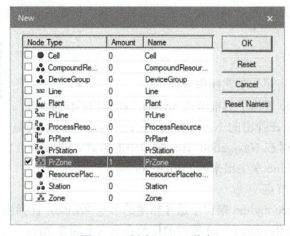

图2-21 新建 PrZone 节点

2）右击 Resource Tree 窗口中适才新增的节点 PrZone，在弹出的快捷菜单中选择 New 命令，然后在弹出的 New 对话框中单击勾选 PrStation 类型节点并修改数目为 3（见图 2-22），最后单击 OK 按钮确认。此时在 Resource Tree 窗口中的节点 PrZone 下会新增三个节点，这三个节点的名称均为 PrStation。

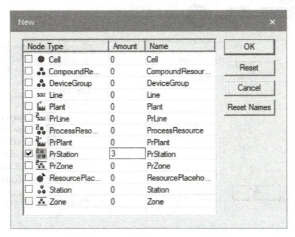

图 2-22 新建 PrStation 节点

3）为方便工程项目人员识别，在 Resource Tree 窗口中将所有节点根据工艺内容进行重命名，如图 2-23 所示。

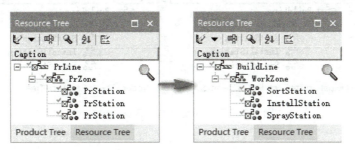

图 2-23 Resource Tree 窗口节点重命名

（4）同步孪生工艺资源与工艺操作节点

工艺资源与工艺操作之间相互依存，两者的架构应保持一致。在 Resource Tree 窗口中单击选中根节点 BuildLine，选择软件主界面 SpecialData→Miscellaneous 栏中 Synchronize Process Object 命令，在弹出的 Synchronize Process Objects-BuildLine 对话框中单击勾选 With Sub-Tree 复选框，并单击 OK 按钮完成工艺资源与工艺操作之间的同步（见图 2-24）。

同步之后，Navigation Tree-myline 窗口中根节点 myline 下原有的 PrLine 和 PrLineProcess 孪生节点，它们的名称都被更改为 BuildLine（见图 2-25）。

小贴士：为方便识别同名孪生节点的类型，PD 用蓝色图标代表 PrLine 类型的节点，用红色图标代表 PrLineProcess 类型的节点。用户也可以通过右击节点，在弹出的快捷菜单中选择 Properties 命令，在 Properties 对话框的 General 选项卡中来查看节点的类型。

类似于加载工艺资源节点，右击 Navigation Tree 窗口中 PrLineProcess 类型的节点 BuildLine，在弹出的快捷菜单中选择 Add Root 命令将其加载到 Operation Tree 窗口的根节点上。激活 Operation Tree 窗口进行查看，会发现 Operation Tree 窗口中树状目录的结构和名称与 Resource Tree 窗口中树状目录的结构名称完全一致（见图 2-26）。

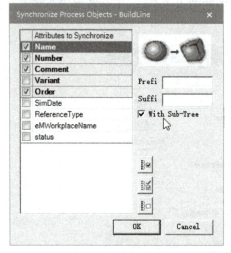

图 2-24　同步孪生工艺资源与工艺操作同步　　　　图 2-25　孪生节点同名

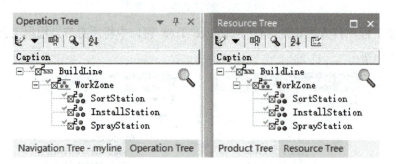

图 2-26　工艺资源树与工艺操作树对比

任务 2.2　智能生产线工艺规划

2.2.1　生产线设备资源和工艺操作分配

1. 生产线设备资源分配

在本书案例中，生产线规划为一个工作区（Zone），该工作区下包含三个工作站（Station），每个工作站中需要分配生产设备资源进行生产，生产设备资源由资源库提供。

码 2-4　生产线设备资源和工艺操作分配

1）加载工艺资源节点。右击 Navigation Tree 窗口中的 PrLine 类型节点 BuildLine，在弹出的快捷菜单中选择 Add Root 命令，将其加载到 Resource Tree 窗口的根节点上。

2）根据工艺流程规划，为所有工作站分配生产设备资源。双击 Navigation Tree 窗口中的节点 EngineeringResourceLibrary 打开资源库。类似于产品零件的组合过程，在 Navigation Tree-

EngineeringResourceLibrary 窗口内已打开的资源库中单击选中所需的资源节点,然后将其拖拽到 Resource Tree 窗口中对应的工作站节点中(见图 2-27)。

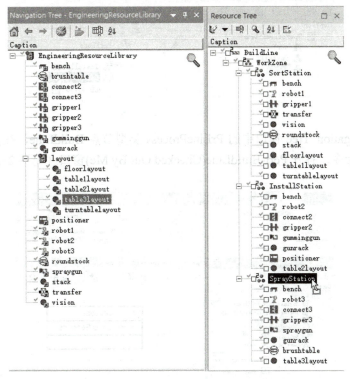

图 2-27　工艺资源分配

小贴士:设备资源在 Graphic Viewer 窗口中的显示和观察方法与产品零件相同。

2. 生产线工艺操作分配

将工作站所需的设备资源分配完毕后,还需要为工作站分配工艺操作,也就是规划工位中的工序。

1)加载工艺操作节点。类似于加载工艺资源节点,右击 Navigation Tree 窗口中的 PrLineProcess 类型节点 BuildLine,在弹出的快捷菜单中选择 Add Root 命令,将其加载到 Operation Tree 窗口的根节点上。

2)根据工艺流程规划,为所有工作站分配生产工艺操作。双击 Navigation Tree 窗口中的节点 OperationLibrary 打开工艺操作库,在打开的工艺操作库中单击选中所需的工艺操作节点,并将其拖拽到 Operation Tree 窗口中对应的工作站节点中(见图 2-28)。如果由于窗口布局原因不方便拖拽对象,可以双击合成窗口底部的窗口名称,将 Operation Tree 窗口与 Navigation Tree 窗口分离,等到工艺操作分配完成之后,再还原窗口布局。

2.2.2　规划工艺流程和 PS 工艺仿真

码 2-5　工艺流程规划

1. 工艺流程规划

智能生产线架构建设中明确了生产资源和工艺操作之间的对应关系,但还需要设定工艺流程的顺序。

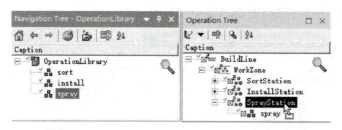

图 2-28　工艺操作分配

1) 右击 Navigation Tree 窗口中的 PrLineProcess 类型节点 BuildLine, 在弹出的快捷菜单中选择 Pert Viewer 命令, 打开 Pert-BuildLine(Checked Out By Me)窗口（见图 2-29）。

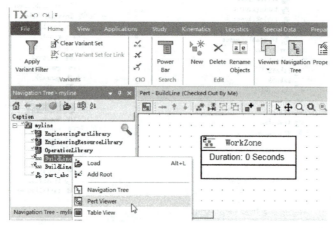

图 2-29　打开 Pert Viewer 窗口

2) 单击 Pert-BuildLine(Checked Out By Me)窗口中代表工作区的 WorkZone 方框, 再单击工具栏中的 Drill Down 按钮, 进入 WorkZone 的下一层级（见图 2-30）。

3) 在 Pert-WorkZone(Checked Out By Me)窗口中可以看到 WorkZone 所包含的三个工作站方框。可以用鼠标直接拖拽这些方框, 将它们排列到合适位置, 或单击 Pert Viewer 窗口工具栏中的 Predefined Layouts 按钮将它们自动排列整齐（见图 2-31）。

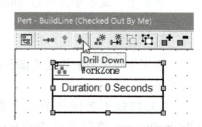

图 2-30　Pert Viewer 窗口切换层级

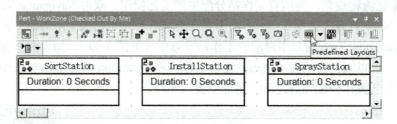

图 2-31　排列对象

小贴士：在 Pert-WorkZone(Checked Out By Me)窗口中, 可以使用鼠标拖拽对象, 以手动排列对象的位置。如果需要自动排列窗口中的所有对象, 无须选中窗口中的任何对象, 单击窗口中的空白处后，再单击工具栏中的 Predefined Layouts 按钮即可。

4）单击 Pert-WorkZone(Checked Out By Me)窗口工具栏中的 New Flow 按钮，然后按照工艺顺序依次单击对应的工作站方框，将这三个方框用箭头连接起来以规划工艺流程（见图 2-32）。连接完毕后再次单击 New Flow 按钮以结束连接操作。如果工作站中包含多个工艺操作，还需要进入对应工作站的下一层级，按照工艺顺序将工作站中的各个工艺操作连接起来。

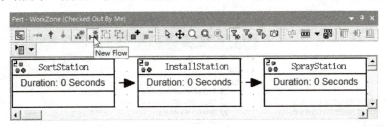

图 2-32　Pert Viewer 窗口定义工艺流程

小贴士：本书案例中的每个工作站内只规划了一个复合操作，因此在 PD 中无须规划工作站内的工艺操作流程。后续可以在 PS 中为工作站内添加各种工艺操作，并设定它们的工艺顺序。

5）从 Product Tree 窗口中把每个工作站生产所需的物料拖拽到 Pert-WorkZone(Checked Out By Me)窗口工作站的方框图内，将它们进行关联，即 Part 关联到 Station（见图 2-33）。关联结束后将 Product Tree 窗口内的对象重新排列整齐。对于分拣和装配工作站来说，它们所需物料均为 parta、partb 和 partc，而喷涂工作站所需物料为它们的装配体 part_abc。

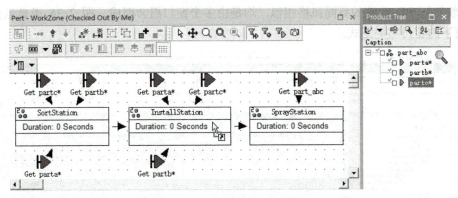

图 2-33　Pert Viewer 窗口分配产品零件到工位

2. PS 工艺仿真

（1）建立 PS 仿真接口

生产线工艺规划建设完成后，即可在 PD 中建立接口，以进入 PS 进行生产线工艺仿真。类似于工艺操作库等节点的创建，在 Navigation Tree 窗口中的工程项目根节点 myline 下新建一个 StudyFolder 类型节点，然后在这个 StudyFolder 类型节点下再新建 RobcadStudy 类型节点，最后将 PrLineProcess 类型节点 BuildLine 拖拽到这个 RobcadStudy 类型节点中（见图 2-34）。

码 2-6　PS 工艺仿真

（2）进入 PS 工艺仿真

PS 仿真接口建立完毕后，右击 Navigation Tree-myline 窗口中的节点 RobcadStudy，在弹出

的快捷菜单中选择 Open with Process Simulate in Standard Mode 命令，即可启动 PS 软件进行工艺仿真和优化（见图 2-35）。

图 2-34　建立 PS 仿真接口

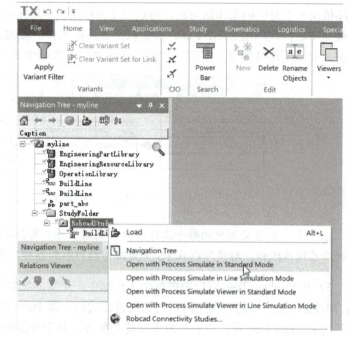

图 2-35　PD 中启动 PS

PS 软件与 PD 软件的界面风格相似，均是由多个窗口组合而成。图 2-36 所显示的是默认标准配置下的窗口布局形式。

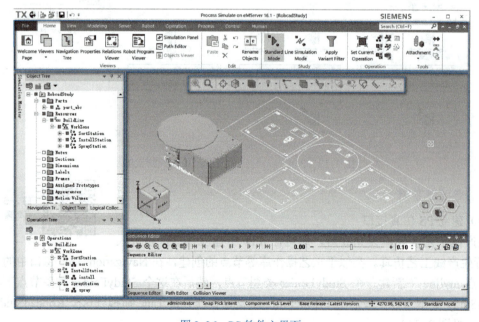

图 2-36　PS 软件主界面

1）软件主界面的上方是菜单栏，底部则是状态信息显示栏。

2）软件主界面的左侧由 Navigation Tree（导航树）窗口、Object Tree（对象树）窗口、

Logic Collections Tree（逻辑集合树）窗口、Operation Tree（操作树）窗口组成，其中 Navigation Tree 窗口、Object Tree 窗口、Logic Collections Tree 窗口叠加形成一个合成窗口处于 Operation Tree 窗口上方。

3）软件主界面的中间是与 PD 软件相同的 Graphic Viewer（图形观察器）窗口以及悬浮其上 Graphic Viewer 工具栏。

4）在 Graphic Viewer 窗口的下方，是由 Sequence Editor（序列编辑）窗口、Path Editor（路径编辑器）窗口、Collision Viewer（干涉观察器）窗口叠加而成的一个合成窗口。

关于窗口的布局及激活方法，PS 软件与 PD 软件的操作方法相同，这里不再赘述。

小贴士：对 PDPS 软件中的 PS 分为服务器版和单机版。服务器版 PS 通过服务器与 PD 协同工作，通常在 PD 中启动运行。而单机版的 PS 并不需要与 PD 协同工作，可独立启动运行仿真工程项目。

（3）保存 PS 仿真数据

在 PS 中完成仿真调试等任务后，单击软件主界面顶部标题栏左侧的 eMServer Update 按钮，在弹出的 eMServer Update 对话框中选择所需保存的对象并单击 OK 按钮，将 PS 仿真数据更新到 eMServer 中（见图 2-37），然后关闭 PS，回到 PD 保存整个工程项目。

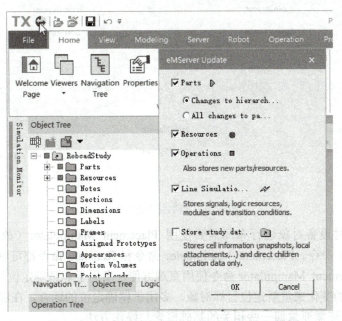

图 2-37 PS 通过服务器与 PD 同步保存工程项目

任务 2.3　智能生产线设备布局

在 PD 中加载完成所有生产资源时，生产设备的数字模型在 Graphic Viewer 窗口中是"杂乱"堆叠在一起的，完全看不出来这条生产线的三个工作站在哪里，具体生产设备是什么，因此需要对生产线设备资源进行空间布局，以合理高效地完成工艺流程。

2.3.1 PDPS 布局方法

布局操作既可以在 PD 中完成，也可以在 PS 中完成，PS 与 PD 的布局方法和过程完全一致。需要注意的是，PD 中的布局是初步规划，需要在 PS 中根据仿真情况实时调整生产设备的布局方位，以确定最终的布局方案。

本书案例的资源对象中包含布局图，用以快速准确定位各个生产设备（见图 2-38）。其中 floorlayout 为生产线整体布局图，turntablelayout 为中央旋转料仓的桌面布局图，table1layout 为分拣工作站桌面布局图，table2layout 为装配工作站桌面布局图，table3layout 为喷涂工作站桌面布局图。

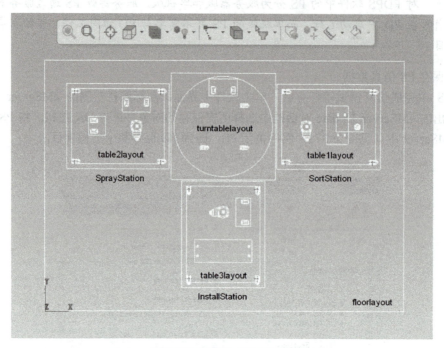

图 2-38 智能生产线布局图

在 PDPS 中对设备对象进行布局需要使用 Placement Manipulator（放置操纵器）命令和 Relocate（重定位）命令。Placement Manipulator 命令和 Relocate 命令都可以将选中的对象进行平移和旋转，Placement Manipulator 命令使用直观方便，多用于非精确定位场合；Relocate 命令利用 Frame 之间的变化来重新定位目标对象，多用于精确定位的场合。在能够顺利使用这些命令进行布局之前，还需要掌握一些相关的基础概念与操作方法。

1. Frame 的基本概念

在 PDPS 软件中，Frame 以空间直角坐标系的形式来表达目标对象在三维空间中的位姿（位置和姿态）。Frame 在 Graphic Viewer 窗口中以坐标点的形式呈现，也可以将它理解为坐标系。Frame 不仅使用坐标系的原点指明了目标对象在三维空间中的位置，还使用坐标系的轴方向描述了目标对象在三维空间中的姿态。Frame 是 PDPS 软件中最重要的基础概念，PDPS 软件中的很多命令与 Frame 息息相关。比如 Placement Manipulator 命令和 Relocate 命令都会涉及 Frame 的运用。PDPS 软件中默认提供三种基础 Frame（见图 2-39）。

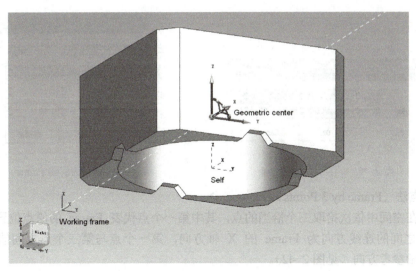

图 2-39　PDPS 基础 Frame

（1）Working frame

Working frame 是 PDPS 软件中所有数字模型所参考的绝对坐标系，Working frame 自身的位置和方向始终保持不变。Graphic Viewer 窗口中左下方的视图导航立方体绑定了一个空间直角坐标系，该坐标系实时显示 Working frame 在当前视图中的方向。

（2）Self

Self 坐标系用于描述其所属目标对象在三维空间中的位置和姿态。Self 坐标系与其所属目标对象之间始终保持固定的位置关系。对于导入到 PDPS 软件中的数字模型而言，其 Self 坐标系的具体位置和方向与该数字模型在 CAD 设计软件中建模时的参考坐标系重合。当 PDPS 软件从外部导入数字模型时，会将该数字模型的 Self 坐标系与 Working frame 相重合。

（3）Geometric center

Geometric center 坐标系的位置始终处于所属目标对象的几何中心，其方向与所属目标对象的 Self 坐标系方向保持一致。

小贴士：Working frame 坐标点的位置和方向是静止不动的，而 Geometric center 坐标点和 Self 坐标点会跟随其所属对象的位置和姿态发生变化。

2. Frame 的创建方法

除了 PDPS 软件提供的三种基础 Frame 外，用户还可以自行创建 Frame 来表达自己所需要的空间位置和方向。创建 Frame 的方式有 6 值法、圆心法、3 点法和 2 点法，在创建 Frame 的相关对话框中根据不同的创建方法输入相应的目标点，然后单击对话框的 OK 按钮即可完成 Frame 的创建。

（1）6 值法（Frame By 6 Values）

6 值法通过直接在对话框的相关文本框中输入目标点在 Working frame 中的坐标值以及相对 Working frame 坐标轴的旋转角度值以确定目标点在空间中的位置和姿态（见图 2-40）。

（2）圆心法（Frame By 3 Point Circle Center）

圆心法通过拾取空间中圆弧上的三个点来找到圆弧的圆心，该圆心的位置为 Frame 的原点位置，而圆心与第一个拾取点之间的连线方向则为 Frame 的 X 轴方向（见图 2-41）。

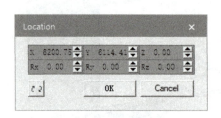

图 2-40　6 值法创建 Frame

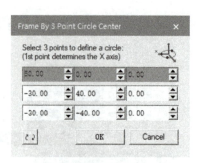

图 2-41　圆心法创建 Frame

（3）3 点法（Frame by 3 Points）

3 点法在空间中依次拾取三个恰当的点，其中第一个点代表 Frame 的原点位置，第一个点与第二个点之间的连线方向为 Frame 的 X 轴方向，第一个点与第三个点之间的连线方向为 Frame 的 Y 轴参考方向（见图 2-42）。

（4）两点法（Frame Between 2 Points）

两点法在空间中依次拾取两个恰当的点，第一个点与第二个点之间的连线方向为 Frame 的 X 轴方向，Frame 的原点位于这条连线上，具体位置可以通过比例来设定，默认处于连线的正中间（见图 2-43）。

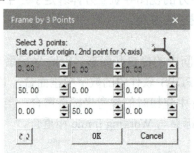

图 2-42　3 点法创建 Frame

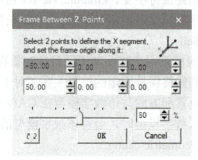

图 2-43　两点法创建 Frame

小贴士： PDPS 软件中，如果对话框中的文本框高亮显示，代表该文本框正处于有效输入状态，此时用鼠标单击所拾取的对象会被记录在这个文本框中。

（5）目标点的拾取

创建 Frame 时通常要用鼠标在 Graphic Viewer 窗口中拾取目标点作为输入，目标点有多种捕捉方式，可以通过单击 Graphic Viewer 工具栏上的 Pick Intent 按钮来选择合适的捕捉方式（见图 2-44）。

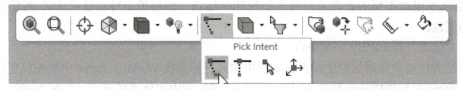

图 2-44　拾取点捕捉方式

1) （Snap Pick Intent）选项为捕捉目标对象轮廓线的特征点，如端点、中点、圆心等。

2) （On Edge Pick Intent）选项为捕捉目标对象轮廓线上最靠近鼠标指针的点。

3）（Where Picked Pick Intent）选项为捕捉当前鼠标指针所在位置的点。
4）（Self Origin Pick Intent）选项为捕捉目标对象的 Self 坐标点。

3. 目标对象的选取方法

Placement Manipulator 命令和 Relocate 命令在执行前都需要事先选中目标对象。

1）目标对象既可以在 Graphic Viewer 窗口中直接单击选取，也可以在目标对象的相关窗口中单击对应节点选取。对于 PD 来说，单击 Resource Tree 窗口或 Product Tree 窗口中的节点即可选中相应的生产设备资源或产品零件；对于 PS 来说，单击 Object Tree 窗口中位于 Resources 或 Parts 节点下的子节点即可选中相应的生产设备资源或产品零件。

2）既可以单击单个目标对象进行单选，也可以保持按下〈Ctrl〉键并连续单击多个目标对象进行多选。

3）既可以整体选取目标对象部件（Component），也可以局部选取目标对象组件实体（Entity）。选取的级别可以通过单击 Graphic Viewer 工具栏上的 Pick Level 按钮来选择，其中（Component Pick Level）为整体选取，（Entity Pick Level）为局部选取（见图 2-45）。

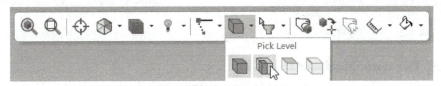

图 2-45　目标对象选取方式

2.3.2　使用 Placement Manipulator 命令布局

Placement Manipulator 命令可以用来平移或旋转选中的目标对象。单击选中需要布局的对象，比如旋转料仓 roundstock，然后单击 Graphic Viewer 工具栏上的 Placement Manipulator 按钮，此时会弹出 Placement Manipulator 对话框，并在选中的目标对象上出现一个空间坐标系形式的放置操纵器（见图 2-46），两者均可用来平移或旋转所选中的目标对象。

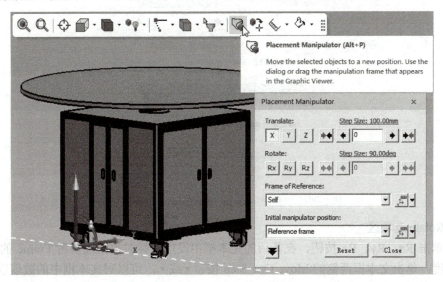

图 2-46　使用 Placement Manipulator 命令布局

1. 使用放置操纵器

1）将鼠标指针移动到放置操纵器的坐标轴处，当该坐标轴变为黄色时，即可按下鼠标左键拖拽放置操纵器，目标对象将跟随放置操纵器一起沿着该坐标轴所在的直线方向进行平移（见图 2-47）。

2）将鼠标指针移动到放置操纵器坐标轴之间的圆弧处，当该圆弧变为黄色时，即可按下鼠标左键拖拽放置操纵器，目标对象将跟随放置操纵器一起围绕垂直于该圆弧面的坐标轴进行旋转（见图 2-48）。

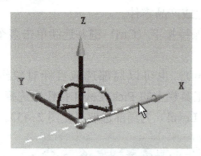 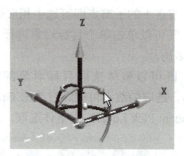

图 2-47　使用放置操纵器平移　　　　　图 2-48　使用放置操纵器旋转

2. 使用 Placement Manipulator 对话框

在 Placement Manipulator 对话框中也可以直接设定对象平移或旋转的距离或角度，并指定目标对象平移和旋转的参考 Frame 以及操纵器所处的位置。

（1）Translate 选项区

分别单击 X、Y、Z 按钮，在其后的文本框中设定目标对象沿着参考 Frame 的 X/Y/Z 轴方向的平移距离。单击文本框两侧的 Move One Step 按钮 ◆ 或 ◆ ，可以对文本框中的数值以步进值为单位进行增减。步进值的大小可以单击文本框上方的 Step Size 选项自行设定（见图 2-49）。

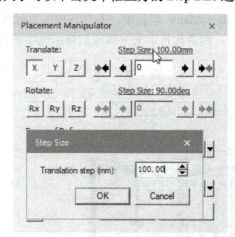

图 2-49　使用 Placement Manipulator 对话框平移

（2）Rotate 选项区

分别单击 Rx、Ry、Rz 按钮，在其后的文本框中设定目标对象围绕参考 Frame 的 X/Y/Z 轴旋转多少度。单击文本框两侧的 Move One Step 按钮 ◆ 或 ◆ ，可以对文本框中的数值以步进值为单位进行增减。步进值可以单击文本框上方的 Step Size 选项自行设定（见图 2-50）。在实际项目中,步进值设为 90°最为常用。

(3) Frame of Reference 选项区

该选项区用以设定所选对象进行平移和旋转的参考 Frame。单击 Frame of Reference 文本框使其高亮显示后即可输入指定的 Frame。输入 Frame 的方法有三种:

1) 直接在 Graphic Viewer 窗口中拾取目标点,或单击 Object Tree 窗口中的相关对象节点以拾取其 Self Frame,将其作为参考 Frame 输入。

2) 展开文本框的下拉列表,选择 Self、Geometric center、Working frame 三种选项中的一种,将其作为参考 Frame 输入(见图 2-51)。

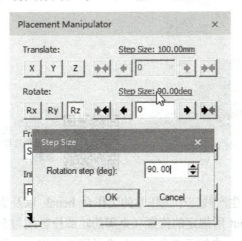

图 2-50　使用 Placement Manipulator 对话框旋转　　图 2-51　选择基础 Frame 输入

3) 单击 Frame of Reference 按钮旁的下拉按钮,在展开的选项中选择一种合适的方式来创建自定义 Frame,将其作为参考 Frame 输入(见图 2-52)。

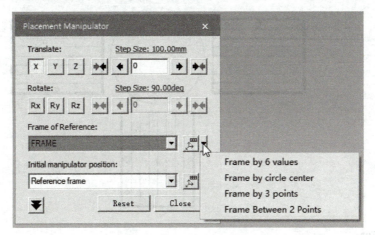

图 2-52　自定义 Frame 输入

(4) Initial manipulator position 选项区

该选项区用以设定放置操纵器出现的位置,设定方法与设定 Frame of Reference 相同。Initial manipulator position 文本框中 Frame 所代表的位置即为放置操纵器出现的位置,但放置操纵器的方向始终与参考 Frame of Reference 的方向相同。在 Initial manipulator position 文本框的下拉列表中,除了 Self、Geometric center、Working frame 三种选项,还增加了一个

Reference frame 选项（见图 2-53），该选项的功能是令放置操纵器的位姿与参考 Frame 的位姿相同。

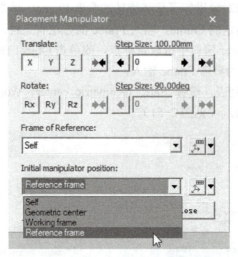

图 2-53 自定义放置操作器的初始位置

码 2-7 生产线设备工作台放置

3. 生产线设备工作台放置

运用 Placement Manipulator 命令，分别将智能生产线三个工作站的工作台 bench 以及旋转料仓 roundstock 布局到生产线整体布局图 floor layout 所规定的位置（桌脚的轮廓投影线与布局图上的标记线对齐）。其中，装配工作站 Install Station 中的工作台 bench 除了需要平移外，还需要围绕自身 Geometric center 这个参考 Frame 的 Z 轴旋转-90°（见图 2-54）。

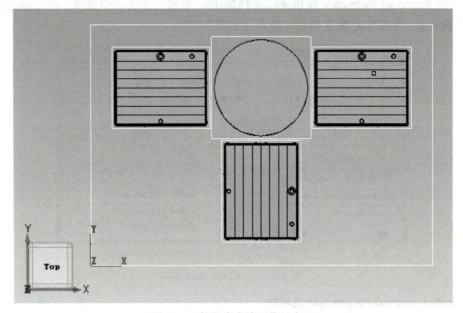

图 2-54 智能生产线工作站布局

小贴士：设备布局过程中可以把暂时不需要显示的对象隐藏。旋转操作不仅要设定正确的角度值，还需要设定合适的参考 Frame 以确定旋转中心。

2.3.3 使用 Relocate 命令布局

Placement Manipulator 命令可以直观地改变所选对象的位置和姿态，通常用于非精确定位或是定位精度要求不高的场合；重定位命令能够根据两个参考 Frame 之间的位姿变化来改变所选对象的位姿，从而达到精确定位目标对象的目的。

码 2-8 工作台布局图定位

1. 工作台布局图定位

1）单击选中分拣工作站 Sort Station 的工作台桌面布局图 table1layout，然后单击 Graphic Viewer 工具栏中的 Relocate 按钮，此时会弹出 Relocate 对话框（见图 2-55）。Relocate 对话框中需要对 From frame 和 To frame 进行设定，设定的方法和过程类似于在 Placement Manipulator 命令对话框中设定 Frame of Reference。

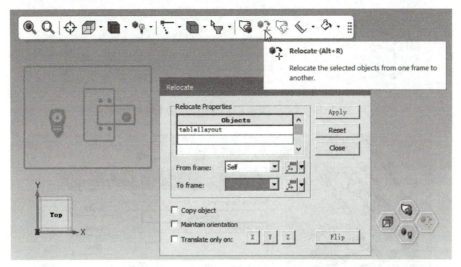

图 2-55 Relocate 命令定位布局图

From frame 代表着所选对象的当前位置和姿态，而 To frame 代表了所选对象所需重新定位的目标位置和姿态。From frame 与 To frame 之间的位姿变化，就是所选对象的位姿变化。此处需要把 table1layout 由地面重新定位到工作台桌面上来，可以将 From frame 的位置选择在 table1layout 的边角处，并将 To frame 的位置选择在工作台桌面上对应的边角处，同时，这两处的边角都是直角，适合采用 3 点法来自定义 Frame。

2）单击 Relocate 对话框中的 From frame 文本框使其高亮显示，确保该文本框处于有效输入状态，然后单击 Create Frame of Reference 按钮旁的下拉按钮，选择 Frame by 3 points 方式。在弹出来的 Frame by 3 points 对话框中，单击第一条文本框使其高亮显示，然后拾取 table1layout 边框线的左下角顶点以输入，将该顶点作为 Frame 的原点；单击第二条文本框使其高亮显示，拾取 table1layout 边框线底部长边上的点以输入，将该长边作为 Frame 的 X 轴；单击第三条文本框使其高亮显示，拾取 table1layout 边框线左侧短边上的点以输入，将该短边作为 Frame 的 Y 轴。最后单击 Frame by 3 points 对话框的 OK 按钮，将自定义的 Frame 输入到 From frame 文本框（见图 2-56）。

3）类似于 From frame 的设定，使用 3 点法在工作台桌面边框线的左下角顶点处自定义 Frame 以输入到 To frame 文本框，注意 Frame 的 X 轴方向为工作台桌面边框线的长边方向，Y 轴方向为工作台桌面边框线的短边方向（见图 2-57）。

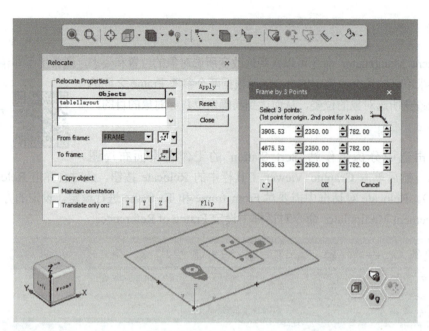

图 2-56　3 点法指定 Relocate 命令的 From frame

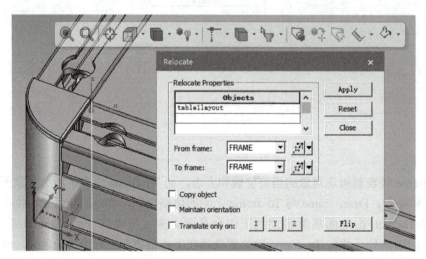

图 2-57　3 点法指定 To frame

4）单击 Relocate 对话框中的 Apply 按钮，From frame 文本框中的 FRAME 与 To frame 文本框中的 FRAME 相重合，带动 table1layout 与工作台桌面重合，完成 table1layout 的布局定位（见图 2-58）。

Relocate 命令的实质是将 From frame 的位姿重新定位到 To frame 的位姿，即 From frame 重合到 To frame，而目标对象的位姿始终与 From frame 的位姿保持固定的相互关系，从而达到将目标对象重新定位的目的。

2. 旋转料仓桌面布局图定位

对于旋转料仓 roundstock 的桌面布局图 turntablelayout，同样也可以采用 Relocate 命令将其移动到旋转桌面上来。

码 2-9　旋转料仓桌面布局图定位

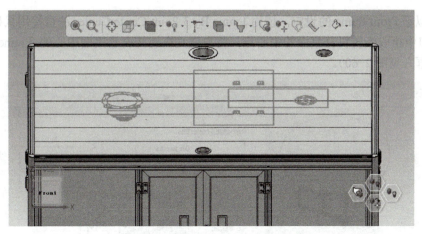

图 2-58　工作台布局图重定位到工作台桌面

1）单击选中旋转料仓 roundstock 的桌面布局图 turntablelayout，然后单击 Graphic Viewer 工具栏中的 Relocate 按钮以弹出 Relocate 对话框。此处需要把 turntablelayout 由地面重新定位到旋转料仓桌面上来，可以将 From frame 的位置选择在 turntablelayout 圆弧边框线的中心，并将 To frame 的位置选择在旋转料仓桌面的中心，适合采用 3 点圆心法来自定义 Frame。

2）单击 Relocate 对话框中的 From frame 文本框使其高亮显示，确保该文本框处于有效输入状态，然后再单击 Create Frame of Reference 按钮旁的下拉按钮，选择 Frame By 3 Point Circle Center 方式，在弹出来的 Frame By 3 Point Circle Center 对话框中，分别单击该对话框中的三条文本框使其高亮，并拾取 turntablelayout 圆弧边框线上不同的三个点作为输入，然后单击该对话框的 OK 按钮，将自定义的 Frame 输入到 From frame 文本框（见图 2-59）。

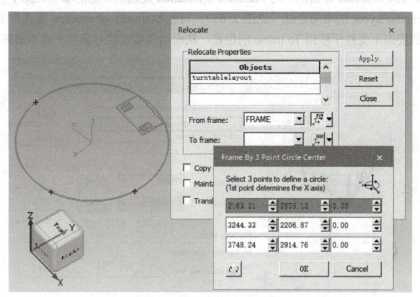

图 2-59　3 点圆心法指定 Relocate 命令的 From frame

小贴士：使用 3 点圆心法自定义 Frame 时，在圆弧上拾取的三个点通常不考虑它们所要确定的 X/Y 轴的方向，仅确保 Frame 的原点位置在圆弧的圆心上，其 Z 轴方向垂直于圆弧所在平面，而 X/Y 轴的方向是随意的。

3)类似于 From frame 的设定,使用 Frame By 3 Point Circle Center 法直接用鼠标在 Graphic Viewer 窗口中拾取旋转料仓桌面的中心点,将自定义在旋转料仓桌面中心的 Frame 输入到 To frame 文本框(见图 2-60)。

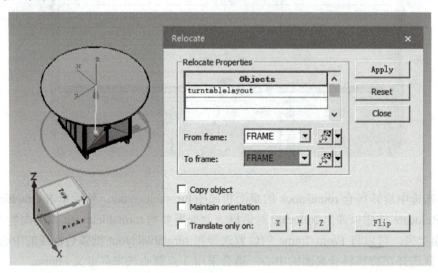

图 2-60 3 点圆心法指定 Relocate 命令的 To frame

小贴士:PDPS 能够在 Graphic Viewer 窗口中自动捕捉到鼠标指针附近实体轮廓线的特征点。当捕捉到特征点时,单击鼠标即可将该点拾取到相关文本框。

4)单击勾选 Relocate 对话框中的 Maintain orientation 复选框,然后单击 Apply 按钮执行重定位,完成 turntablelayout 的布局定位(见图 2-61)。勾选 Maintain orientation 复选框的作用是保持 From frame 的姿态不变并平移到 To frame 的位置,从而达到重定位对象只平移不旋转的目的。

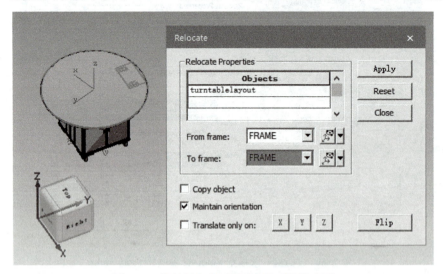

图 2-61 旋转料仓布局图重定位到旋转桌面

小贴士:单击勾选 Relocate 对话框中 Translate only on 复选框,并单击使能其后的 X/Y/Z 按钮,可以约束 From frame 仅在允许的 X/Y/Z 轴方向上平移;如果没有使能其后的任何 X/Y/Z 按钮，则 From frame 在不改变自身位置的情况下旋转到与 To frame 相同的姿态。

3. 工作站机器人定位

码 2-10 工作站机器人定位

分拣工作站的机器人 robot1 导入 PDPS 中的初始位置在 Working frame 处，如果使用重定位命令将其直接布局到分拣工作站桌面上的规定位置，为其构建合适的 From frame 和 To frame 会比较困难。此处可以先用 Relocate 命令平移到分拣工作站桌面上，再用 Placement Manipulator 命令旋转 90°摆正即可。

1）单击选中机器人 robot1，再单击 Graphic Viewer 工具栏中的 Relocate 按钮。在 Relocate 对话框中，保持 From frame 文本框为默认的 Self，即机器人自身的 Self Frame；单击 To frame 文本框，直接在 Graphic Viewer 窗口中拾取布局图中机器人的底座中心点；单击勾选 Maintain orientation 复选框，单击 Apply 按钮对机器人进行重定位（见图 2-62）。

图 2-62　机器人重定位设定

2）单击选中机器人 robot1，再单击 Graphic Viewer 工具栏中的 Placement Manipulator 按钮。在弹出的 Placement Manipulator 对话框中，选择 Frame of Reference 文本框下拉列表中的 Self，然后单击 Rotate 选项区的 Rz 按钮，并在其后的文本框中输入数值 90（见图 2-63）。

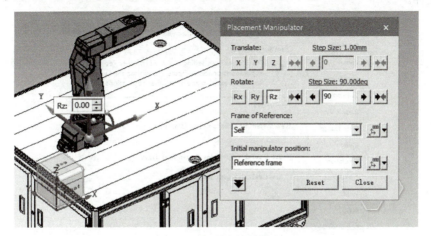

图 2-63　机器人旋转设定

3)最后单击 Close 按钮关闭对话框,完成对机器人的旋转(见图 2-64)。

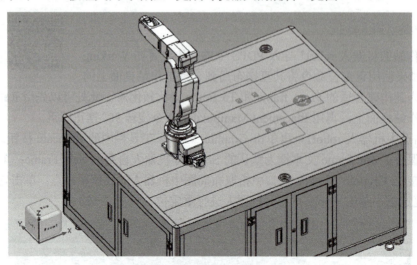

图 2-64 机器人分拣工作站位姿

2.3.4 独立运行 PS 工程项目

如果没有对生产线工艺数据进行规划管理的任务要求,仅需要对生产线进行仿真调试,则可以在单机版 PS 软件中建立独立的 PS 工程项目并运行,无须打开 PD 软件。

码 2-11 独立运行 PS 工程项目

1. 单机版 PS 工程项目基本操作

单机版 PS 独立管理自身的工程项目,无须通过 eMServer 与 PD 协同工作。

(1)创建 PS 工程项目

1)双击 PS on eMS Standalone 图标打开单机版的 PS 软件,单击选择软件主界面 File→Options 命令,在弹出的 Option 窗口中的 Disconnected 选项卡下,设定本工程项目所使用的 Client System Root 路径(见图 2-65)。Client System Root 路径内必须包含工程项目所需的所有资源对象文件。

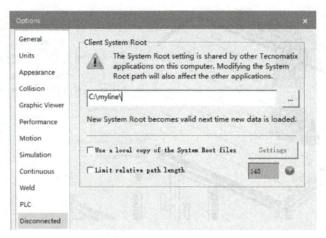

图 2-65 PS 设定系统根目录

2）选择软件主界面 File→Disconnected Study→New Study 命令，在弹出的 New Study 对话框中保持默认设置，直接单击 Create 按钮建立 RobcadStudy 类型的工程项目（见图 2-66）。

（2）保存 PS 工程项目

1）保存新的 PS 工程项目。单击选择软件主界面 File→Disconnected Study→Save As 命令，在弹出的"另存为"对话框中，选择存储路径并命名工程项目，然后单击"保存"按钮，即可将新建的 PS 工程项目进行命名并保存，保存文件格式为.psz（见图 2-67）。

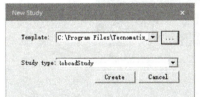

图 2-66　单机版 PS 新建工程项目　　　　图 2-67　单机版 PS 保存工程项目

2）保存现有的 PS 工程项目。单击选择软件主界面 File→Disconnected Study→Save 命令，PS 工程项目立即被更新保存。

当单机版的 PS 工程项目需要复制转移到其他计算机上时，需要将.psz 工程项目文件连同该工程项目所设定的 Client System Root 路径下的所有文件一起复制转移。

（3）打开 PS 工程项目

1）单击选择软件主界面 File→Options 命令，在弹出的 Option 窗口中的 Disconnected 选项卡下，设定 Client System Root 路径，该路径必须包含所要打开的 PS 工程项目的所有生产线对象文件。

2）单击选择软件主界面 File→Disconnected Study→Openin Standard Mode 命令，然后在弹出的"打开"对话框中找到所要打开的.psz 工程项目文件，然后单击"打开"按钮，即可打开 PS 工程项目（见图 2-68）。

2. 单机版 PS 工程项目导入数字模型资源

PD 工程项目导入数字模型资源的方法是为三维数字模型建立工程库，而单机版 PS 工程项目则是先定义数字模型资源的类型，然后再将其导入到工程项目中，最后根据需要进行必要的整理。

（1）数字模型资源类型定义

单击选择软件主界面 Modeling→Define Component Type 命令，在弹出的"浏览文件夹"对话框中，指定数字模型资源对象文件（.cojt 文件夹）所在的目录（见图 2-69）。

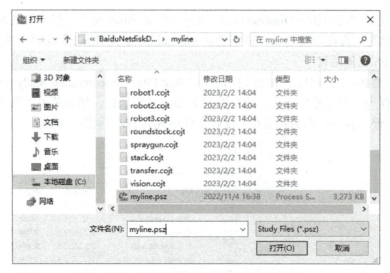

图 2-68　单机版 PS 打开工程项目

图 2-69　单机版 PS 定义资源类型

单击"确定"按钮后弹出 Define Component Type 对话框，然后在该对话框的列表中为每一个数字模型资源对象指定资源类型，最后单击该对话框的 OK 按钮结束数字模型资源类型定义（见图 2-70）。此处数字模型资源对象的类型定义与 PD 中工程库资源对象的类型定义一致，可以参考表 2-1。

（2）数字模型资源导入

单击选择软件主界面 Modeling→Insert Component 命令，在弹出的 Insert Component 对话框中，单选或多选所需的生产线资源对象文件（.cojt 文件夹），然后单击"打开"按钮将其以导入到工程项目之中（见图 2-71）。

项目 2　智能生产线工艺规划与设备布局

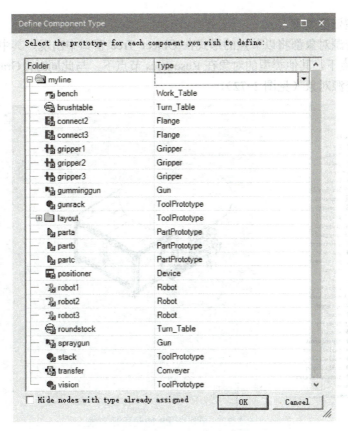

图 2-70　单机版 PS 设定资源类型

图 2-71　单机版 PS 选择资源加载

(3) 数字模型资源整理

所有导入的资源对象都将以节点的形式在 Object Tree 窗口中出现,其中 PartPrototype 类型的对象在 Parts 节点下,其他类型的对象在 Resources 节点下。与此同时,Graphic Viewer 窗口会显示这些导入的资源对象(见图 2-72)。

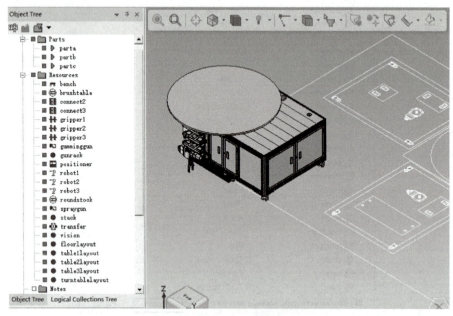

图 2-72　单机版 PS 加载资源完成

为了更好地展现生产线架构,需要用复合资源节点对生产资源进行分类组织,类似于使用文件夹对文件分类。单击选中 Object Tree 窗口中的节点 Resources,然后单击选择软件主界面 Modeling→Create a Compound Resource 命令,这样在节点 Resource 下会产生新建的复合资源节点 CompoundResource1(见图 2-73),用户可以根据需要对其重命名。

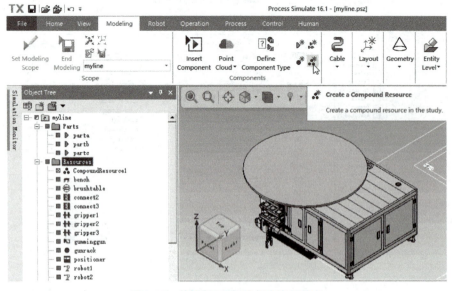

图 2-73　单机版 PS 新建复合资源节点

本书案例在此建立四个复合资源节点，并分别命名为 SortStation、InstallStation、SprayStation、layout，再将节点 Resources 下平行排列的资源节点按照生产线工作站的组成，分门别类地拖拽到对应的复合资源节点下（见图 2-74）。对于生产设备布局图，可以统一归纳到复合资源节点 layout 之中。

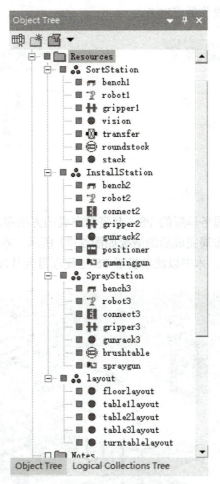

图 2-74　资源对象分类归纳排列

对于需要复用的资源节点，比如工作台 bench 或枪架 gunrack，在 Object Tree 窗口中单击选中该资源节点，按〈Ctrl+C〉键复制后再按〈Ctrl+V〉键粘贴，可以快速创建与该资源节点相同的副本，重命名此资源节点副本，再将其拖拽到使用它的工作站节点中即可。

小贴士：对于在 PS 软件中直接复制的资源，比如工作台，它们共用同一资源对象文件，因而只能共用一套相同的组态。如果需要多个相同的资源使用不同的组态，比如工业机器人，则它们应各自具备独立的资源对象文件并导入到 PS 软件中来。

3. 单机版 PS 工程项目工艺操作设定

右击 Operation Tree 窗口的根节点 Operations，在弹出的快捷菜单中选择 New Compound Operation 命令后弹出 New Compound Operation 对话框。在 New Compound Operation 对话框的 Name 文本框内输入复合操作名称 myline（见图 2-75），然后单击该对话框中的 OK 按钮，即可

在 Operation Tree 窗口的根节点下创建复合操作节点 myline。复合操作节点 myline 代表生产线的总体工艺操作。

同理，继续在 Operation Tree 窗口中右击根节点 Operations 下的节点 myline，在节点 myline 下再新建三个复合操作节点 SortStation、InstallStation、SprayStation（见图 2-76），为后续在各个机器人工作站中创建工艺操作做好准备。

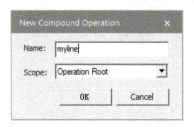

图 2-75　建立生产线工艺操作目录

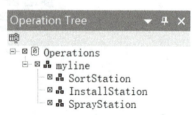

图 2-76　生产线工艺操作目录概览

4．单机版 PS 工程项目资源布局

无论单机版的 PS 还是服务器版的 PS，其资源布局的方法和过程都与在 PD 中的资源布局一致，这里不再赘述，总体布局完成后的情况如图 2-77 所示。本书后续项目任务都在 PS 中完成，为更加方便学习使用 PS，本书以此单机版 PS 工程项目为基础进行讲解。

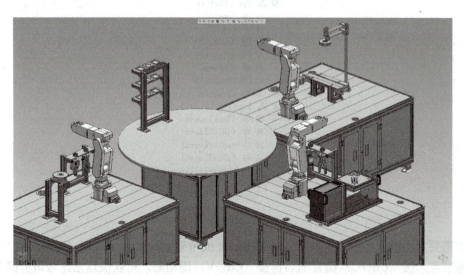

图 2-77　生产资源总体布局

技能实训 2.4　智能生产线工作站资源布局

2.4.1　分拣工作站资源布局

根据 PDPS 工程项目案例对机器人分拣工作站进行资源布局（见图 2-78）。

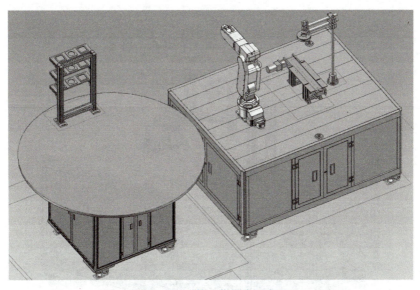

图 2-78 分拣工作站资源布局

2.4.2 装配工作站资源布局

根据 PDPS 工程项目案例对机器人装配工作站进行资源布局（见图 2-79）。

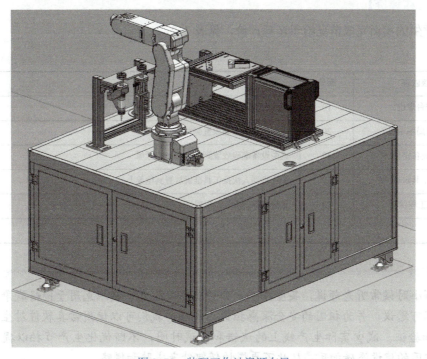

图 2-79 装配工作站资源布局

2.4.3 喷涂工作站资源布局

根据 PDPS 工程项目案例对机器人喷涂工作站进行资源布局（见图 2-80）。

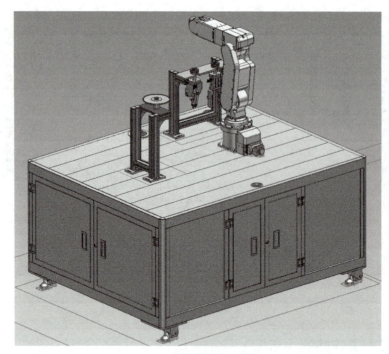

图 2-80 喷涂工作站资源布局

【实训考核评价】

根据学生的实训完成情况给予客观评价,见表 2-2。

表 2-2 实训考核评价表

考核内容	配分	考核标准	得分
工作台定位	10	工作台准确放置到布局图对应工位上	
桌面布局图定位	20	桌面布局图准确放置到对应桌面上	
桌面设备定位	40	桌面设备准确放置到布局图对应区域	
快换工具定位	20	工业机器人快换工具准确放置到枪架上	
PDPS 工程保存	10	正确保存 PDPS 工程项目	
合 计			

素养小栏目

记得小时候常听老师说,某些国家一分钟就可以生产一辆坦克用于侵略战争,当时我们觉得不可思议,并为祖国的安全深感担忧。现在,我们可以使用仿真软件对生产过程进行设计和验证,减少实际生产线上的试错和调试时间,不断优化生产节拍以提高生产效率,为祖国的建设添砖加瓦,从此不再惧怕任何外来威胁和侵略。

项目 3　智能生产线典型生产设备设定

【项目引入】

智能生产线是高度自动化的生产线,其中包含大量的自动化设备,机器人就是最典型的代表。为了完成产品生产,这些自动化设备通常会有一系列的执行动作,而 PDPS 导入的设备数模本身是没有动作的,因此需要对设备数模进行动作设定。本项目以智能生产线中常见的执行机构为例来讲解如何对设备数模进行动作设定。

【学习目标】

1) 掌握自动化设备基本的旋转和直线运动设定。
2) 掌握六关节串联机器人的设定。
3) 掌握机器人末端执行器的设置。

任务 3.1　旋转料仓运动设定

3.1.1　旋转料仓关节运动设定

码 3-1　旋转料仓关节运动设定

回转台是生产制造中最为常见的设备之一,它带有可转动的台面,其运动是由电机驱动,经齿轮减速后带动涡轮蜗杆副使台面转动。台面上通常装夹工件并实现回转和分度定位,它能迅速准确地将工件运送至指定工作位置。本书案例所使用的旋转料仓是回转台的一种,它将存放工件的料架固定放置在回转台的台面上,通过台面的旋转使得料架快速定位到指定工位以实现生产过程中的存取料(见图 3-1)。

图 3-1　旋转料仓数字模型

小贴士：为方便修改旋转料仓的转台结构以适应不同的需求，本书案例中料架的数模是独立的，并未与旋转料仓合为一体，将料架绑定到旋转料仓的台面上即可实现料架和台面的联动效果。

1. 旋转料仓模型进入编辑状态

在 Object Tree 窗口或 Graphic Viewer 窗口中单击选中分拣站中的旋转料仓 roundstock，然后单击选择软件主界面 Modeling→Set Modeling Scope 命令使其进入编辑状态，此时 Object Tree 窗口中的旋转料仓节点 roundstock 图标左下角处会多出一个红色的 M 小标记（见图 3-2）。

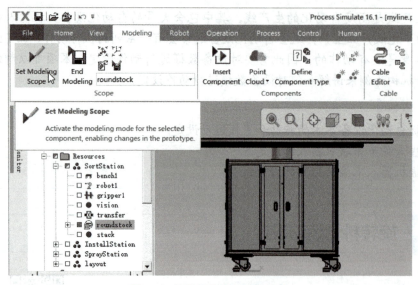

图 3-2　旋转料仓进入编辑状态

2. 建立旋转料仓运动学关系

（1）打开 Kinematics Editor 对话框

继续保持选中旋转料仓 roundstock，单击选择软件主界面 Modeling→Kinematics Editor 命令，打开 Kinematics Editor-roundstock 对话框（见图 3-3）。

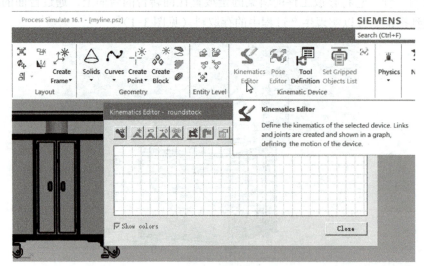

图 3-3　打开旋转料仓运动学编辑器

(2) 创建 Link

设备的动作可以抽象为连杆机构的运动，设备的运动设定首先需要创建 Link。

1) 单击 Kinematics Editor-roundstock 对话框工具栏中的 Create Link 按钮以创建 Link Properties（见图 3-4）。在弹出的 Link Properties 对话框中，Name 文本框用于设定新建 Link 的名称，这里采用默认的名字 link1 即可。

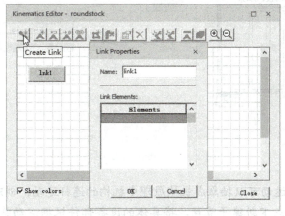

图 3-4　新建旋转料仓 Link

2) 单击 Link Properties 对话框中 Link Elements 列表框的空白条目使高亮显示，再到 Object Tree 窗口或 Graphic Viewer 窗口中单击选择属于该 Link 的设备组件，此处只需为 Link1 选取旋转料仓中间的旋转立柱这一个组件（见图 3-5）。如果一个 Link 需要包含设备中的多个组件，可以连续单击逐一选取所需组件，Link Elements 列表框中的条目会自动添加；如果选取的组件有误，可以单击 Link Elements 列表框中错误的组件条目，按〈Del〉键进行删除。选择组件完毕后单击 Link Properties 对话框的 OK 按钮以完成该 Link 的创建。Link 创建完成后如需修改其组件，可以在 Kinematics Editor 对话框中双击代表该 Link 的方框图标，再次打开 Link Properties 对话框用以添加或删除该 Link 所包含的组件。

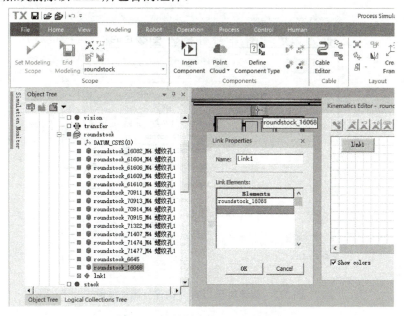

图 3-5　旋转料仓 Link1 组件选取

3）同理，再次新建一个 Link，使用默认名字 link2，该 Link 对应的设备组件是旋转料仓的台面（见图 3-6）。系统会自动为不同的 Link 分配不同的颜色以示区别。

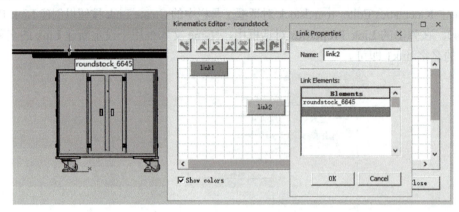

图 3-6　旋转料仓 link2 组件选取

小贴士：设备部件运动可以抽象成机械原理中机构的连杆运动，创建 Link 并不是创建实体对象，而是在该设备节点下新建子节点，将具体的设备部件根据运动关系归纳到所属的各个新建子节点中，子节点名为新建 Link 的名称。

（3）创建 Joint

Link 创建完成后需要在 Link 之间建立 Joint 以形成运动副。

1）在 Kinematics Editor-roundstock 对话框中，先将鼠标指针移动到 link1 方框图标上，然后按住鼠标左键不放，将鼠标指针移动到 link2 方框图标上，当看到两个 Link 方框图标之间有一条线段后释放鼠标左键，此时会出现一个从 link1 指向 link2 的有向线段，并弹出 Joint Properties 对话框（见图 3-7）。Joint Properties 对话框中的 Name 文本框用于设定所创建 Joint 的名称，此处保持默认名称 j1 即可。

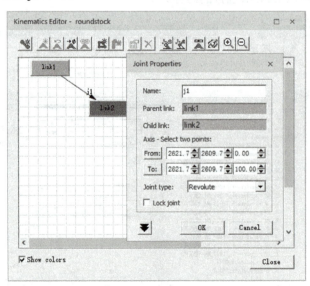

图 3-7　旋转料仓 Link 之间建立运动关系

小贴士：在运动学编辑器对话框中，代表 Joint（即运动副）的有向线段始终从参考 Link 指向运动 Link。参考 Link 是相对静止的，而运动 Link 相对参考 Link 做旋转或平移运动。

2）由于台面是做旋转运动，因此单击 Joint Properties 对话框中的 Joint type 下拉列表框，选择 Revolute 选项（见图 3-8）。

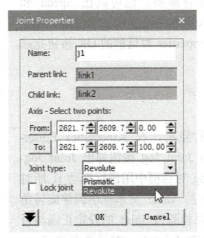

图 3-8 设定旋转料仓 j1 关节运动类型

3）单击 Joint Properties 对话框中 Axis-Select two points 选项组的 From 按钮，然后在 Graphic Viewer 窗口中拾取旋转立柱的上表面中心点，则该点被设定为旋转运动中心轴线的起点；再单击 Joint Properties 对话框中 Axis-Select two points 选项组的 To 按钮，然后在 Graphic Viewer 窗口中拾取旋转立柱的下表面中心点，则该点被设定为旋转运动中心轴线的终点（见图 3-9）。为方便拾取标定 Joint 运动方向的 From 点和 To 点，可以暂时关闭旋转料仓部分相关组件的显示。From 点和 To 点设定完成后，旋转料仓的 link2（即台面）将会以 From 点和 To 点的连线作为自身旋转运动的中心轴线。

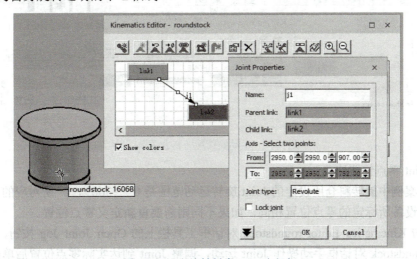

图 3-9 设定旋转料仓 j1 运动方向

小贴士：对于旋转运动，旋转中心的位置由 From 和 To 两个点的连线决定，旋转中心的正方向从 From 点指向 To 点，遵守右手螺旋法则；对于平移运动，平移的方向从 From 点指向 To 点。

4）单击 Joint Properties 对话框左下方的箭头▼展开扩展栏目，在 Limits type 下拉列表框中选择限制类型为 Constant，使用数字常量来限制 Joint 的运动范围；在 High limit 文本框中输入该关节运动范围的上限值，例如 360；在 Low limit 文本框中输入该关节运动范围的下限值，例如 0（见图 3-10）。如有需要，也可以在 Speed 和 Acceleration 文本框中分别输入所需的速度和加速度值。Joint 属性设定完成后，单击 Joint Properties 对话框的 OK 按钮完成 Joint 的创建。

3. 旋转料仓运动验证与调整

（1）Joint 运动验证

恢复旋转料仓所有组件的显示，在 Kinematics Editor-roundstock 对话框中单击 Open Joint Jog 按钮弹出 Joint Jog-roundstock 对话框，在 Joint Jog 对话框中用鼠标拖动 j1 所对应的滚轮，或直接在 j1 所对应的 Value 文本框中调整旋转角度值，即可手动转动旋转料仓以检验该 Joint 的设定正确与否（见图 3-11）。验证完毕后先单击 Joint Jog 对话框中的 Reset 按钮，复位 Joint 到初始位置，再单击 Close 按钮关闭 Joint Jog 对话框。如果旋转料仓的运动不符合要求，在 Kinematics Editor-roundstock 对话框中双击 Link 方框图标之间名称为 j1 的有向线段，再次打开 Joint Properties 对话框对 j1 的 Joint 属性进行修改。

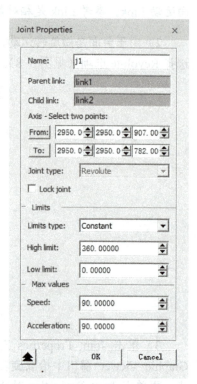

图 3-10 设定旋转料仓 j1 运动参数

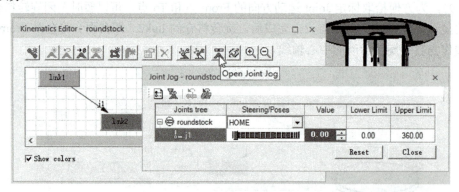

图 3-11 手动操作旋转料仓关节运动

（2）Joint 零点位置修改

在本书案例中旋转料仓所设定的 Joint 旋转运动范围是 0°～360°，0° 所对应的 Joint 零点位置应与实际设备所标定的零点位置相同，如果不同则需要重新定义零点位置。

1）单击 Kinematics Editor-roundstock 对话框工具栏上的 Open Joint Jog 按钮，利用弹出的 Joint Jog-roundstock 对话框手动操作 Joint 运动，调整 Joint 到达实际零点位置后单击 Joint Jog-roundstock 对话框中的 Close 按钮关闭 Joint Jog-roundstock 对话框。

2）单击 Kinematics Editor-roundstock 对话框工具栏上的 Define as Zero Position 按钮，在弹出的提示框中单击"确认"按钮，将 Joint 的当前位置设置为零点位置（见图 3-12）。

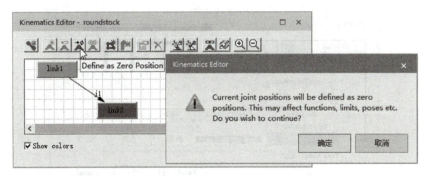

图 3-12　改变旋转料仓关节运动原点

（3）结束运动学关系设定

设备关节运动验证无误后，单击 Kinematics Editor-roundstock 对话框中的 Close 按钮以结束旋转料仓关节运动设定。

3.1.2　旋转料仓姿态设定

1. 旋转料仓姿态创建

码 3-2　旋转料仓姿态设定

1）继续保持选中旋转料仓 roundstock，单击选择软件主界面 Modeling→Kinematic Device→Pose Editor 命令打开 Pose Editor-roundstock 对话框（见图 3-13）。Pose Editor-roundstock 对话框里的 Poses 列表中包含有系统默认生成的 HOME 姿态，在该姿态下，设备的各个 Joint 处于各自的零点位置。

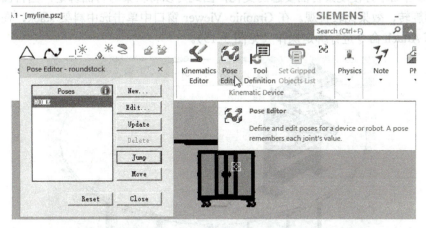

图 3-13　打开旋转料仓姿态编辑器

2）单击 Pose Editor-roundstock 对话框中右侧的 New 按钮，打开 New Pose-roundstock 对话框新建设备姿态。在 New Pose-roundstock 对话框中，用鼠标拖动 j1 所对应的滚轮，或直接在 j1 所对应的 Value 文本框中调整旋转角度值，将旋转料仓的台面旋转 90°，然后在 Pose name 文本框中将该设备姿态命名为 SORT（见图 3-14），最后单击 OK 按钮完成 SORT 姿态的创建。

小贴士：相同的设备姿态下，不同的零点位置或移动方向设置会产生不同的关节位移值，设备所对应的关节位移值并非唯一。

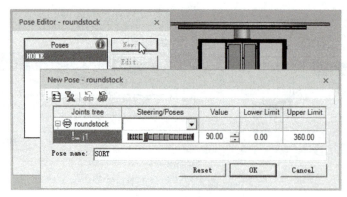

图3-14 新建旋转料仓姿态

3)类似于 SORT 姿态的创建,依次完成 INSTALL、SPRAY 姿态的创建,它们对应的旋转角度分别为 180°和 270°。

4)本书案例中旋转料仓一共有四个姿态,SORT、INSTALL、SPRAY 姿态对应三个工作站,而 HOME 姿态对应预备空位。如果需要对某个姿态进行编辑或删除,可以在 Pose Editor 对话框的 Poses 列表中单击选择对应的姿态,然后单击 Pose Editor 对话框中右侧的 Edit 或 Delete 按钮进行相关操作。设备姿态的编辑操作类同于设备姿态的新建操作,这里不再赘述。完成所有姿态设定后即可单击 Pose Editor 对话框的 Close 按钮将其关闭。

2. 旋转料仓姿态验证

(1)对象绑定

1)圆形台面不方便观察台面姿态的变化,因此可以将料架与台面绑定,当台面旋转时,料架跟随台面旋转,效果比较直观。在 Graphic Viewer 窗口中单击选中料架 stack,在弹出的快捷菜单中选择 Attach 命令进行绑定操作(见图 3-15)。

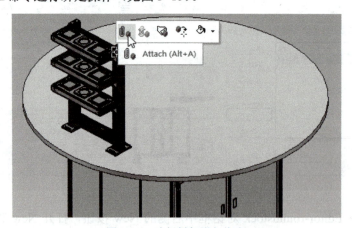

图3-15 选择料架进行绑定

2)在弹出的 Attach 对话框中,单击 To Object 文本框使之高亮显示,再到 Object Tree 窗口或 Graphic Viewer 窗口中单击选中旋转料仓的 Link2(即台面),最后单击 Attach 对话框的 OK 按钮即可完成料架与台面绑定(见图 3-16)。

小贴士: 这里的绑定采用默认的 One Way 方式,当台面主动运动时料架会跟随运动,而料架主动运动时台面不会跟随运动。当选择 Two Way 方式进行绑定,两者无论谁主动,另一方都会跟随对方运动。

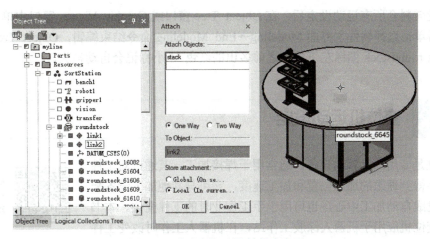

图3-16　绑定料架到旋转料仓台面

（2）设备姿态切换

1）绑定完毕后，在 Graphic Viewer 窗口中单击选中旋转料仓 roundstock，在弹出的快捷菜单中选择 Joint Jog 命令以打开 Joint Jog-roundstock 对话框进行手动测试（见图3-17）。

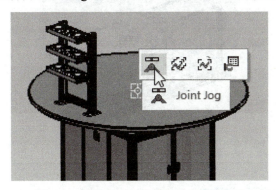

图3-17　选择旋转料仓进行关节手动运动

2）在 Joint Jog-roundstock 对话框中单击 Steering/Poses 栏下拉列表框中不同的姿态，观察旋转料仓动作是否正确（见图3-18）。验证无误后先单击 Joint Jog-roundstock 对话框中的 Reset 按钮以复位旋转料仓到初始位置，再单击 Close 按钮关闭 Joint Jog-roundstock 对话框。

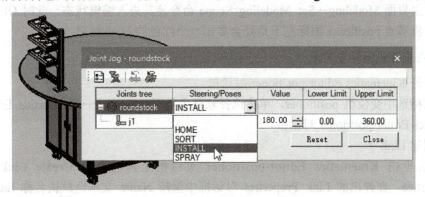

图3-18　手动切换旋转料仓姿态

3. 结束旋转料仓模型编辑

完成旋转料仓所有运动设定后，在 Object Tree 窗口或 Graphic Viewer 窗口中单击选中旋转料仓，然后单击选择软件主界面 Modeling→End Modeling 命令结束编辑，Object Tree 窗口中旋转料仓节点 roundstock 图标左下角处之前多出的红色 M 小标记会自动消失。

任务 3.2　变位机运动设定

变位机是专用加工辅助设备，通常用于焊接加工，其通过对工件位姿的调整得到理想的加工位置和加工速度，它可与其他加工设备配套使用，组成自动加工中心，也可用于手工作业时的工件变位。本书案例中的变位机应用于机器人涂胶工作站，在机器人工作时改变工件的姿态以方便机器人进行涂胶操作。

码 3-3　变位机关节运动设定

本书案例中的变位机有旋转和平移两种关节运动，旋转运动的面板负责加工时调整工件的姿态，面板上相对其平移运动的夹头负责固定工件以保持其正确的加工姿态（见图 3-19）。

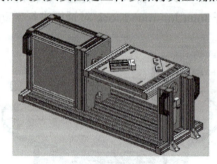

图 3-19　变位机数字模型

3.2.1　变位机关节运动设定

1. 变位机模型进入编辑状态

在 Object Tree 窗口或 Graphic Viewer 窗口中单击选中分拣站中的变位机 positioner，然后单击选择软件主界面 Modeling→Set Modeling Scope 命令使其进入编辑状态，此时 Object Tree 窗口中的变位机节点 positioner 图标左下角处会多出一个红色的 M 小标记。

2. 建立变位机运动学关系

（1）打开 Kinematics Editor-positioner 对话框

继续保持选中变位机 positioner，单击选择软件主界面 Modeling→Kinematics Editor 命令打开 Kinematics Editor-positioner 对话框。

（2）创建 Link

1）首先单击 Kinematics Editor-positioner 对话框工具栏中的 Create Link 按钮创建 Link Properties，在弹出的 Link Properties 对话框中保持 Name 文本框默认名称 link1，然后在 Link Elements 列表框中选择变位机的底座作为 link1 的组件输入（见图 3-20），最后单击

Link Properties 对话框的 OK 按钮结束该 Link 的创建。

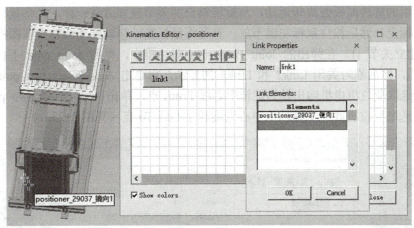

图 3-20　变位机 link1 组件选取

2）与创建 link1 类似，在 Kinematics Editor-positioner 对话框中创建 link2，选择变位机的旋转面板作为 link2 的组件（见图 3-21）。

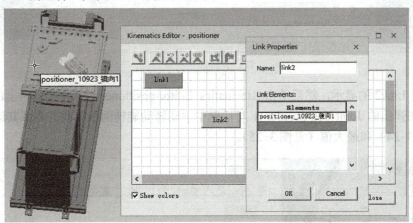

图 3-21　变位机 link2 组件选取

3）与创建 link1 类似，在 Kinematics Editor-positioner 对话框中创建 link3，选择变位机旋转面板上的夹头作为 link3 的组件（见图 3-22）。

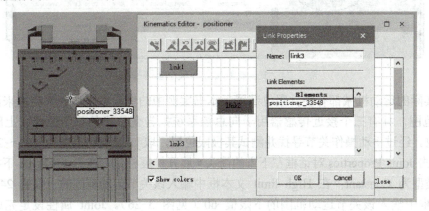

图 3-22　变位机 Link3 组件选取

(3) 创建 Joint

1) 变位机的旋转面板做旋转运动, 与旋转料仓的关节建立方法一样, 先将鼠标指针移动到 link1 方框图标上, 然后按住鼠标左键不放, 直至将鼠标指针移动到 link2 方框图标上后释放鼠标左键从而建立关节 j1。在弹出的 Joint Properties 对话框中, 单击 Joint type 下拉列表框选择 Revolute 选项, 然后临时关闭 Link2 和 Link3 的显示, 再单击 Axis-Select two points 选项组的 From 按钮, 选取变位机电机输出轴为旋转中心线 From 点, 单击 Axis-Select two points 选项组的 To 按钮, 选取变位机底座支撑轴承中心为旋转中心线 To 点 (见图 3-23)。

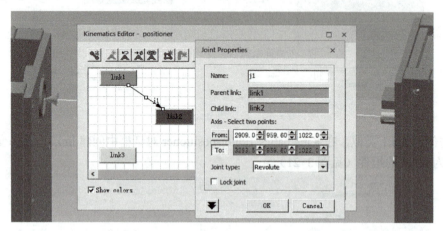

图 3-23　变位机旋转关节设定

2) 恢复 Link2 的显示, 然后单击 Kinematics Editor-positioner 对话框工具栏上的 Open Joint Jog 按钮, 在弹出的 Joint Jog-positioner 对话框中手动转动旋转面板寻找并测试其运动范围的最小值 (见图 3-24) 和最大值 (见图 3-25)。

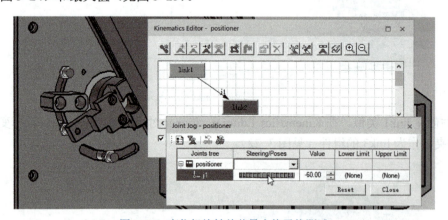

图 3-24　变位机旋转关节最小值寻找测试

很多实际的运动机械都有硬件限位装置, 本书案例中的变位机采用硬件挡块来限制旋转面板的旋转范围, 并有三个接近传感器用于向总控系统报告变位机的三个位置: 上限位、下限位、零点位。经过手动操作关节寻找并测试其极限位置, 取 j1 的运动范围为-60°~240°。

3) 单击 Joint Properties 对话框左下方的箭头▼展开扩展栏目, 在 Limit stype 下拉列表框中选择限制类型为 Constant; 在 High limit 文本框中输入该关节运动范围的上限值 240; 在 Low limit 文本框中输入该关节运动范围的下限值-60 (见图 3-26)。Joint 属性设定完成后, 单击

Joint Properties 对话框的 OK 按钮完成 Joint 的创建，然后单击 Joint Jog 对话框的 Reset 按钮复位变位机关节，最后恢复 Link3 的显示并单击 Joint Jog 对话框的 Close 按钮关闭 Joint Jog 对话框。

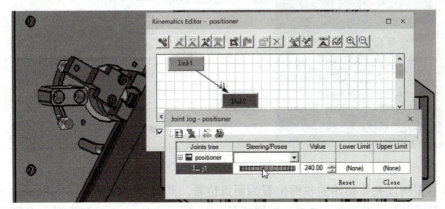

图 3-25　变位机旋转关节最大值寻找测试

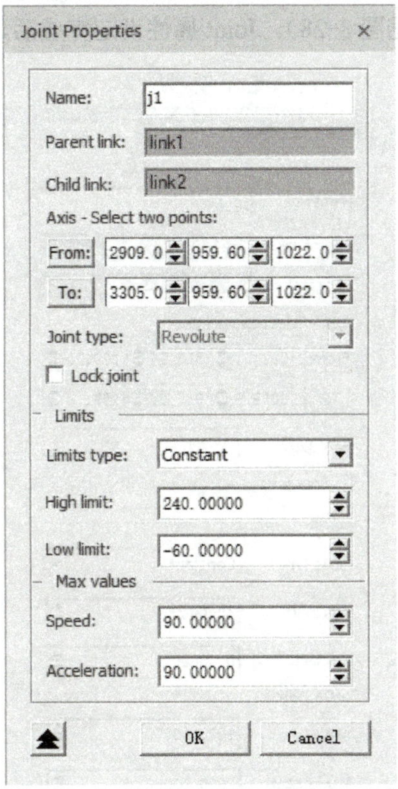

图 3-26　变位机旋转关节运动范围设定

4）变位机旋转面板上的夹头在气缸的推动下相对旋转面板做平移运动，先将鼠标指针移动到 link2 方框图标上，然后按住鼠标左键不放，直至将鼠标指针移动到 link3 方框图标上后释放鼠标左键从而建立关节 j2。在弹出 Joint Properties 对话框中，单击 Joint type 下拉列表框选择 Prismatic 选项，然后单击 Axis-Select two points 选项组的 From 按钮和 To 按钮，在 Graphic Viewer 窗口中分别拾取气缸外轮廓上与夹头平移运动方向平行线段的端点作为 From 点和 To 点，以确定夹头平移运动的方向（见图 3-27）。

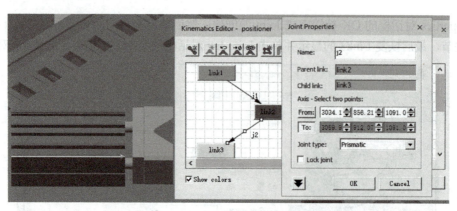

图 3-27 变位机移动关节设定

5）本书案例以夹头初始的收缩位置为原点位置，其运动范围设为 0～40mm。单击 Joint Properties 对话框左下方的箭头▼展开扩展栏目，在 Limits type 下拉列表框中选择限制类型为 Constant；在 High limit 文本框中输入该关节运动范围的上限值 40；在 Low limit 文本框中输入该关节运动范围的下限值 0（见图 3-28）。Joint 属性设定完成后，单击 Joint Properties 对话框的 OK 按钮完成 Joint 的创建。

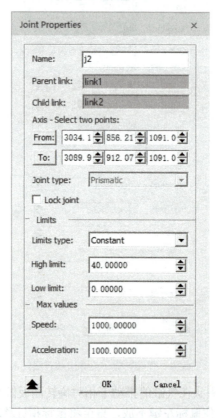

图 3-28 变位机移动关节运动范围设定

3. 变位机运动验证

单击 Kinematics Editor-positioner 对话框工具栏上的 Open Joint Jog 按钮，在弹出的 Joint Jog-positioner 对话框中手动操作 j1、j2 关节运动。验证关节运动无误后，单击 Joint Jog-positioner 对话框中的 Close 按钮关闭该对话框，然后在 Kinematics Editor-positioner 对话框中单击其 Close 按钮结束变位机关节运动设定。

3.2.2 变位机姿态设定

变位机的姿态包含两个关节的状态，对于 j2 来说只有夹紧和松开两种状态，而 j1 的状态可以是-60°～240°这个范围中的任何一个值。考虑到实际应用情况，对于 j2 而言，在旋转面板默认原点位置时有夹紧和松开两种状态，而当旋转面板不在原点位置时工件处于加工状态，j2 必须处于夹紧状态，j2 在夹紧状态下对应的关节值可以根据数字模型尺寸关系计算得到；对于 j1 而言，可以预先每间隔 15°取一个关节值，当后续仿真发现不能满足加工位置要求时，再根据实际情况来更改合适的关节值。在本书案例中，变位机所有姿态见表 3-1。

表 3-1 变位机姿态

姿态名称	j2 关节值/mm	j1 关节值/（°）
HOME	0	0
HOMEJ	37.15	0
N60	37.15	-60
N45	37.15	-45
N30	37.15	-30
N15	37.15	-15
P15	37.15	15
P30	37.15	30
P45	37.15	45
P60	37.15	60

1．变位机姿态创建

1）继续保持选中变位机 positioner，单击选择软件主界面 Modeling→Pose Editor 命令打开 Pose Editor-positioner 对话框。

2）类似于旋转料仓姿态的创建，单击 Pose Editor-positioner 对话框中右侧的 New 按钮打开 New Pose-positioner 对话框以新建变位机的姿态，在此需要根据表 3-1 新建 10 个姿态（见图 3-29）。

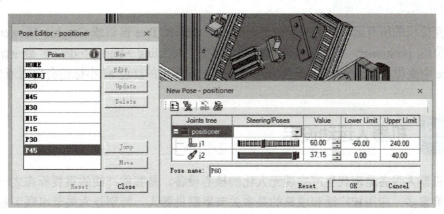

图 3-29 变位机姿态设定

2. 变位机姿态验证

1）完成所有姿态设定后即可单击 Pose Editor 对话框的 Close 按钮将其关闭，在 Graphic Viewer 窗口中单击选中变位机 positioner，在弹出的快捷菜单中选择 Joint Jog 命令打开 Joint Jog-positioner 对话框进行手动测试（见图 3-30）。

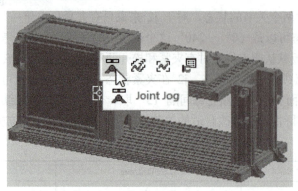

图 3-30 对变位机姿态进行手动测试

2）在 Joint Jog-positioner 对话框中单击 Steering/Poses 栏下拉列表框中不同的姿态，观察变位机是否正确动作（见图 3-31）。验证无误后先单击 Joint Jog-positioner 对话框中的 Reset 按钮复位变位机到初始位置，再单击 Close 按钮关闭 Joint Jog-positioner 对话框。

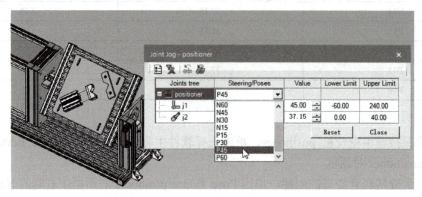

图 3-31 观察变位机姿态对应动作的正误

3. 结束变位机模型编辑

完成变位机的所有运动设定并验证无误后，在 Object Tree 窗口或 Graphic Viewer 窗口中单击选中变位机 positioner，然后单击选择软件主界面 Modeling→End Modeling 命令结束编辑，Object Tree 中变位机节点 positioner 图标左下角处之前多出的红色 M 小标记会自动消失。

任务 3.3 机器人运动设定

工业机器人设备是现代生产实现无人化的核心设备，是智能产线的重要标志之一。工业机器人的种类繁多，应用较广泛和成熟的是多关节串联机器人，特别是六关节串联工业机器人以其高灵活性为通用。本书案例中的机器人均为六关节串联工业机器人，采用的是三菱电机公司的 RV-2FRL 型工业机器人（见图 3-32）。

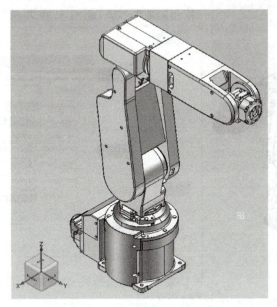

图 3-32　工业机器人数字模型

码 3-5　机器人关节运动设定

3.3.1　机器人关节运动设定

六关节串联工业机器人的六个关节均为旋转关节，其运动设定的基本方法与旋转料仓的关节运动设定一致。为了快速高效设定机器人的关节运动，可以先将机器人的摆放姿态调整为所有关节的旋转中心轴线均平行于 Workingframe 的某个坐标轴（见图 3-32）。

1. 创建机器人关节

1）在 Object Tree 窗口或 Graphic Viewer 窗口中单击选中分拣站中的工业机器人 robot1，单击选择软件主界面 Modeling→Set Modeling Scope 命令使其进入编辑状态，然后单击选择软件主界面 Modeling→Kinematic Device→Kinematics Editor 命令打开 Kinematics Editor-robot1 对话框。

2）在 Kinematics Editor-robot1 对话框中新建七个 Link，它们的组件分别选择机器人的基座、肩部、下臂、肘部、上臂、腕部、法兰盘，为方便起见，用 link1~link7 来代表这七个部分。

3）依次在两两相邻的 Link 之间创建关节，用默认的名称 j1~j6 来分别代表机器人的腰部关节、肩部关节、肘部关节、腕部偏转关节、腕部俯仰关节、腕部翻转关节。创建每一个关节时，在弹出的 Joint Properties 对话框的 Joint type 下拉列表框中均选择 Revolute 选项（见图 3-33），其他设定后续进行。

小贴士：六关节串联工业机器人的六个关节是串联的，所以在建立关节时有向线段的方向始终从上一个 Link 指向下一个 Link，每个 Link 都是基于上一个 Link 做相对旋转。

2. 机器人关节运动方向设定

对于 j1~j6 关节的旋转中心方向设定，需要参考机器人厂家提供的说明图来确定旋转中心线的方向（见图 3-34）。

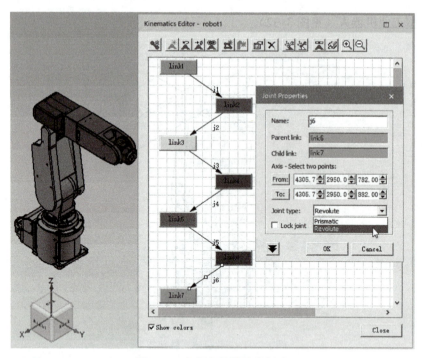

图 3-33 机器人旋转关节创建

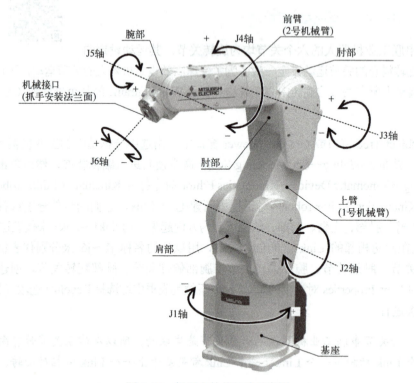

图 3-34 机器人关节运动示意图

(1) 设定 j1 关节运动方向

双击 Kinematics Editor-robot1 对话框中代表 j1 关节的有向线段,在弹出的 Joint Properties 对话框中设定 j1 关节的旋转中心方向。临时屏蔽 link2~link7 的显示,单击 Joint Properties 对话框中 Axis-Select two points 选项组的 From 按钮，然后在 Graphic Viewer 窗口中拾取机器人基座顶端圆盘中心点作为 From 点输入；单击 Joint Properties 对话框中 Axis-Select two points 选项组的 To 按钮，然后在 Graphic Viewer 窗口中再次拾取与 From 点相同的机器人基座顶端圆盘中心点作为 To 点输入。根据机器人厂家提供的关节旋转方向说明，由右手螺旋法则可知 To 点的坐标值只需要在 From 点坐标值的基础上，在 Z 轴方向上有正偏移，因而直接在 To 点坐标值对应的文本框中将 Z 值修改增大即可（见图 3-35）。

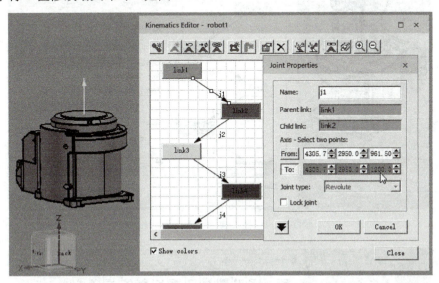

图 3-35　机器人腰部关节中心线设定

小贴士：当拾取的 From 点和 To 点相同时软件会弹出警告对话框，直接关闭该警告对话框即可。From 点和 To 点的坐标值都是基于 Workingframe 的，坐标值所对应的 X/Y/Z 三轴方向在 Graphic Viewer 窗口左下方的视图导航立方体处有显示。

（2）设定 j2 关节运动方向

双击 Kinematics Editor-robot1 对话框中代表 j2 关节的有向线段，在弹出的 Joint Properties 对话框中设定 j2 关节的旋转中心方向。恢复 link2 的显示，单击 Joint Properties 对话框中 Axis-Select two points 选项组的 From 按钮，然后在 Graphic Viewer 窗口中拾取机器人肩部侧面圆盘中心点作为 From 点输入；单击 Joint Properties 对话框中 Axis-Select two points 选项组的 To 按钮，然后在 Graphic Viewer 窗口中再次拾取与 From 点相同的机器人肩部侧面圆盘中心点作为 To 点输入。根据机器人厂家提供的关节旋转方向说明，由右手螺旋法则可知 To 点的坐标值只需要在 From 点坐标值的基础上在 X 轴方向上有负偏移，因而直接在 To 点坐标值对应的文本框中将 X 值修改减小即可（见图 3-36）。

（3）设定 j3 关节运动方向

双击 Kinematics Editor-robot1 对话框中代表 j3 关节的有向线段，在弹出的 Joint Properties 对话框中设定 j3 关节的旋转中心方向。恢复 link3 的显示，单击 Joint Properties 对话框中 Axis-Select two points 选项组的 From 按钮，然后在 Graphic Viewer 窗口中拾取机器人下臂上部内侧圆盘中心点作为 From 点输入；单击 Joint Properties 对话框中 Axis-Select two points 选项组的 To 按钮，然后在 Graphic Viewer 窗口中再次拾取与 From 点相同的机器人下臂上部内侧圆盘中心点作为 To 点输入。根据机器人厂家提供的关节旋转方向说明，由右手螺旋法则可知 To 点的坐标值只需要在 From 点坐标值的基础上在 X 轴方向上有负偏移，因而直接在 To 点坐标值对应的文本框中将 X 值修改减小即可（见图 3-37）。

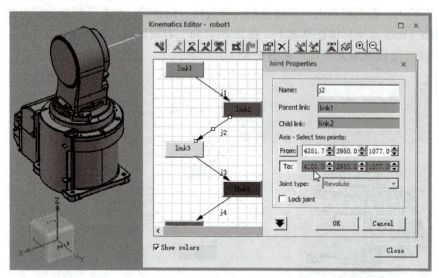

图 3-36　机器人肩部关节中心线设定

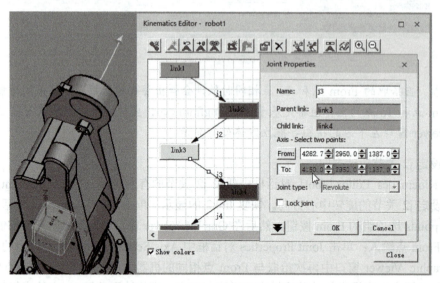

图 3-37　机器人肘部关节中心线设定

（4）设定 j4 关节运动方向

双击 Kinematics Editor-robot1 对话框中代表 j4 关节的有向线段，在弹出的 Joint Properties 对话框中设定 j4 关节的旋转中心方向。恢复 link4 的显示，单击 Joint Properties 对话框中 Axis-Select two points 选项组的 From 按钮，然后在 Graphic Viewer 窗口中拾取机器人上臂尾端圆盘中心点作为 From 点输入；单击 Joint Properties 对话框中 Axis-Select two points 选项组的 To 按钮，然后在 Graphic Viewer 窗口中再次拾取与 From 点相同的机器人上臂尾端圆盘中心点作为 To 点输入。根据机器人厂家提供的关节旋转方向说明，由右手螺旋法则可知 To 点的坐标值只需要在 From 点坐标值的基础上在 Y 轴方向上有正偏移，因而直接在 To 点坐标值对应的文本框中将 Y

值修改增大即可（见图 3-38）。

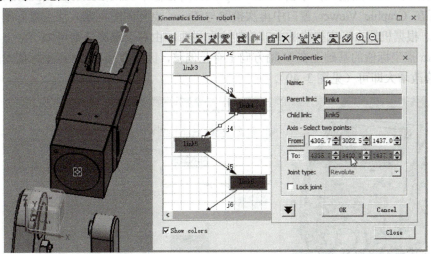

图 3-38　机器人腕部偏转关节中心线设定

（5）设定 j5 关节运动方向

双击 Kinematics Editor-robot1 对话框中代表 j5 的有向线段，在弹出的 Joint Properties 对话框中设定 j5 关节的旋转中心方向。恢复 link5 的显示，单击 Joint Properties 对话框中 Axis-Select two points 选项组的 From 按钮，然后在 Graphic Viewer 窗口中拾取机器人上臂前端内侧圆盘中心点作为 From 点输入；单击 Joint Properties 对话框中 Axis-Select two points 选项组的 To 按钮，然后在 Graphic Viewer 窗口中再次拾取与 From 点相同的机器人上臂前端内侧圆盘中心点作为 To 点输入。根据机器人厂家提供的关节旋转方向说明，由右手螺旋法则可知 To 点的坐标值只需要在 From 点坐标值的基础上在 X 轴方向上有负偏移，因而直接在 To 点坐标值对应的文本框中将 X 值修改减小即可（见图 3-39）。

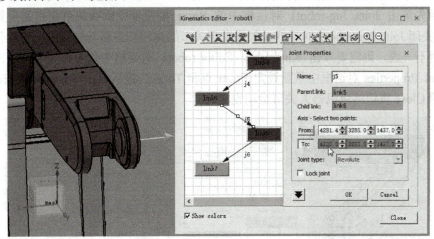

图 3-39　机器人腕部俯仰关节中心线设定

（6）设定 j6 关节运动方向

双击 Kinematics Editor-robot1 对话框中代表 j6 关节的有向线段，在弹出的 Joint Properties 对话框中设定 j6 关节的旋转中心方向。恢复 link6 和 link7 的显示，单击 Joint Properties 对话框中 Axis-Select two points 选项组的 From 按钮，然后在 Graphic Viewer 窗口中拾取机器人法兰盘

外侧中心点作为 From 点输入;单击 Joint Properties 对话框中 Axis-Select two points 选项组的 To 按钮,然后在 Graphic Viewer 窗口中再次拾取与 From 点相同的机器人法兰盘外侧中心点作为 To 点输入。根据机器人厂家提供的关节旋转方向说明,由右手螺旋法则可知 To 点的坐标值只需要在 From 点坐标值的基础上在 Y 轴方向上有正偏移,因而直接在 To 点坐标值对应的文本框中将 Y 值修改增大即可(见图 3-40)。

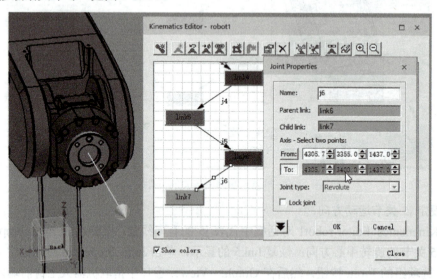

图 3-40　机器人腕部翻转关节中心线设定

（7）验证关节运动方向

所有关节运动方向设定完成后,单击 Joint Properties 对话框的 OK 按钮以关闭该对话框。在 Kinematics Editor-robot1 对话框中单击 Open Joint Jog 按钮弹出 Joint Jog-robot1 对话框,可以操作此对话框中的滚轮来手动旋转机器人各轴（见图 3-41）,以检查每个关节运动正确与否。验证完毕后先单击 Joint Jog-robot1 对话框中的 Reset 按钮复位所有关节到初始位置,再单击 Close 按钮关闭 Joint Jog-robot1 对话框。如果发现关节的旋转正方向与机器人厂家提供的关节旋转方向说明不一致,则需要双击 Kinematics Editor-robot1 对话框中代表该关节的有向线段,在弹出的 Joint Properties 对话框中重新设定 From 点和 To 点。最后单击 Kinematics Editor-robot1 对话框中的 Close 按钮结束机器人关节运动设定。

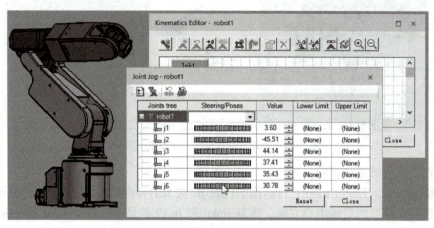

图 3-41　机器人关节手动调试

小贴士：机器人各个关节的旋转轴中心线均平行于 Workingframe 时可以显著提高关节运动方向设置的效率。考虑到不同场景中机器人会有不同的摆放姿态，From 点与 To 点之间哪个坐标轴方向上的值需要变化会根据场景不同而不同。而相对于机器人本体来说，关节旋转运动中心线的位置和方向不变。

3.3.2 机器人坐标系设定

机器人的工作是依靠控制末端执行器工作点的轨迹来实现。此工作点的位置和姿态需要用 Frame 来描述，因此需要为机器人设定作为参考的基础坐标系 Baseframe 和与末端执行器工作点绑定的工具坐标系 Toolframe。Toolframe 在 Baseframe 中的位置和姿态代表了机器人工作的位置和姿态。

1. 机器人坐标系参考 Frame 创建

六关节串联机器人有默认的基础坐标系和工具坐标系，为方便指示基础坐标系和工具坐标系的位姿，可以预先依据机器人的数字模型新建与机器人默认基础坐标系和工具坐标系分别重合的参考 Frame，利用这两个参考 Frame 来分别设定机器人的基础坐标系和工具坐标系的位置与姿态。

（1）基础坐标系参考 Frame 创建

1）在 Object Tree 窗口或 Graphic Viewer 窗口中单击选中机器人 robot1，然后单击选择软件主界面 Modeling→Create Frame 命令组中的任意命令创建一个 Frame。创建完毕后在 Object Tree 窗口中的机器人节点 robot1 之下会新增一个 Frame，系统默认为其命名为 fr1，将其名称更改为 baseref（见图 3-42）。

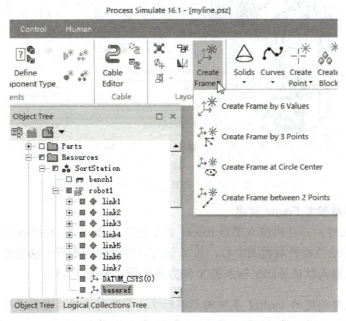

图 3-42 机器人对象节点下新建参考 Frame

2）在 Object Tree 窗口中单击选中机器人节点 robot1 之下的 baseref 点，使用 Relocate 命令将 baseref 点重新定位到机器人 robot1 的 Self Frame 上。在 Relocate 对话框中设定 To frame 时，

单击 Object Tree 窗口中 Resources 节点下的 robot1 节点，以便拾取机器人 robot1 的 Self Frame（见图 3-43）。

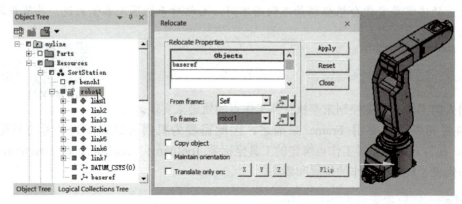

图 3-43　参考 Frame 重新定位到基础坐标系原点

小贴士：机器人的外形各不相同，有时候不方便找到机器人底座附近的基础坐标系原点，而机器人的数字模型设计一般以机器人的默认基础坐标系为参考，所以机器数字模型的 Self Frame 为机器人的默认基础坐标系。

3）如果此时 baseref 点的方向与机器人默认基础坐标系的方向不一致，可以使用 Placement Manipulator 命令将其旋转到机器人默认基础坐标系的方向（见图 3-44）。

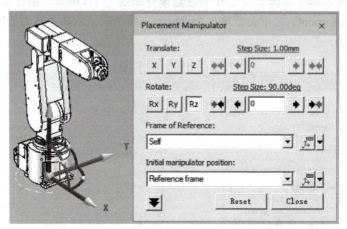

图 3-44　参考 Frame 调整方向到机器人基础坐标系

（2）工具坐标系参考 Frame 创建

类似创建 baseref 点，在机器人节点 robot1 之下创建 toolref 点。toolref 点的位置应重新定位到机器人 robot1 的法兰盘外端面的中心，其 Z 轴方向应旋转到垂直于法兰盘向外的方向，Y 轴方向应旋转到与机器人默认基础坐标系的 Y 轴方向相同（见图 3-45）。

小贴士：如果新创建的 toolref 点方向不够标准，导致无法将其直接准确调整到机器人默认工具坐标系的方向，可以先利用 Relocate 命令将方向旋转到 baseref 点的方向，再使用 Placement Manipulator 命令以 90°为步进值进行旋转，即可将其方向准确调整到机器人默认工具坐标系的方向。

项目 3　智能生产线典型生产设备设定

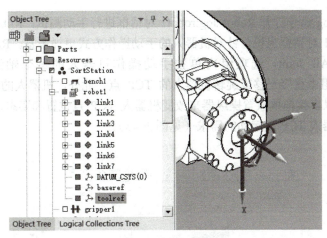

图 3-45　创建工具坐标系参考 Frame

2. 机器人坐标系设定

（1）机器人基础坐标系设定

单击 Kinematics Editor-robot1 对话框工具栏上的 Set Baseframe 按钮弹出 Set Baseframe 对话框，单击此对话框中的文本框使其高亮显示，然后在 Object Tree 窗口或 Graphic Viewer 窗口中拾取 baseref 点输入到该文本框中。最后单击 Set Baseframe 对话框的 OK 按钮完成机器人基础坐标系的设定（见图 3-46）。

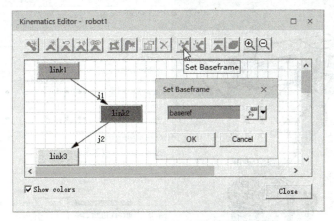

图 3-46　机器人基础坐标系设定

（2）机器人工具坐标系设定

单击 Kinematics Editor-robot1 对话框工具栏上的 Create Toolframe 按钮弹出 Create Toolframe 对话框。单击该对话框中的 Location 文本框使其高亮显示，然后在 Object Tree 窗口或 Graphic Viewer 窗口中拾取 toolref 点输入到该文本框中；单击此对话框中的 Attach to Link 文本框使其高亮显示，然后在 Object Tree 窗口或 Graphic Viewer 窗口中拾取机器人 robot1 的 link7 输入到该文本框中（见图 3-47）。最后单击 Create Toolframe 对话框的 OK 按钮完成机器人工具坐标系的设定。

3. 机器人坐标系验证

机器人基础坐标系和工具坐标系设定好后，单击 Kinematics Editor-robot1 对话框中的 Close 按钮结束机器人运动学设定，然后在 Graphic Viewer 窗口中单击机器人 robot1，在弹出的快捷菜单中选择 Robot Jog 命令打开 Robot Jog:robot1 对话框进行手动测试。Robot Jog:robot1 对话框相对 Joint Jog-robot1 对话框来说，针对机器人的手动操作方式更加丰富。Robot Jog:robot1 对话框中除了可以在 All Joints 选项组内单独手动操作机器人的每个轴运动外，还可以在 Manipulations 选项组中直接平移或旋转机器人的 TCP 点。此外，机器人的 TCP 点处会出现一个放置操纵器，可以直接拖拽放置操纵器来改变机器人 TCP 点位置和姿态，机器人将以多轴联动的方式来满足机器人 TCP 点运动的需求（见图 3-48）。

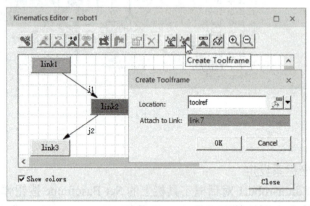

图 3-47　机器人工具坐标系设定

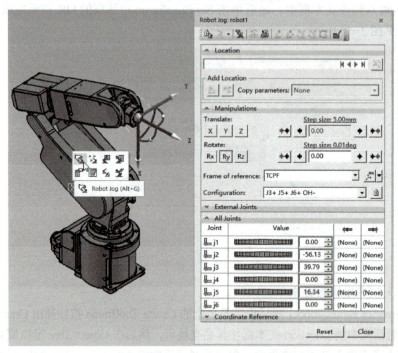

图 3-48　机器人手动示教操作

3.3.3　机器人关节运动范围设定

码 3-7　机器人关节运动范围的设定

1. 机器人关节原点设置

在本书案例中，工业机器人数字模型的默认姿态是前臂垂直于上臂，对应 j3 关节的角度值为 0°。根据机器人厂家提供的说明，该姿态下 j3 关节的角度值应为 90°，因此需要更改机器人数字模型 j3 关节的原点位置。

1）在 Object Tree 窗口或 Graphic Viewer 窗口中单击选中分拣站中的工业机器人 robot1，单击选择软件主界面 Modeling→Kinematics Editor 命令打开 Kinematics Editor-robot1 对话框。

2）单击 Kinematics Editor-robot1 对话框工具栏上的 Open Joint Jog 按钮，在弹出的 Joint Jog-robot1 对话框中，手动操作机器人 robot1 的 j3 关节反向旋转 90°以到达实际的零点位置（见图 3-49），然后单击 Joint Jog-robot1 对话框中的 Close 按钮关闭 Joint Jog-robot1 对话框。

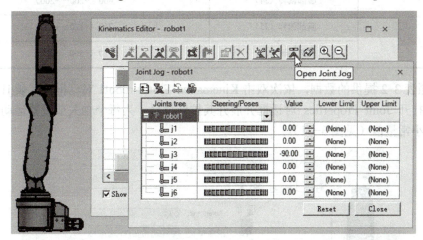

图 3-49　调整机器人 j3 关节到实际原点位

3）单击 Kinematics Editor-robot1 对话框工具栏上的 Define As Zero Position 按钮，在弹出的提示框中单击"确定"按钮，将 j3 关节的当前位置设置为零点位置（见图 3-50）。

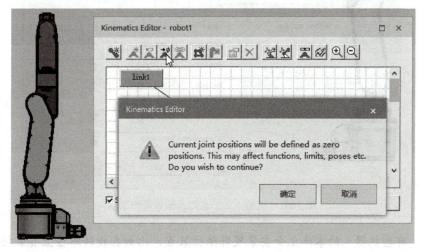

图 3-50　机器人新原点姿态设定

2. 机器人关节静态运动范围设定

每个工业机器人都有工作空间范围，它是由机器人每个关节的运动范围共同决定，可以查询机器人生产厂家提供的产品手册来获取其关节的运动范围，本书案例中的机器人关节运动范围见表 3-2。

表 3-2 机器人关节运动范围

类型		规格值/deg
动作范围	腰部（J1）	480（-240~+240）
	肩部（J2）	237（-117~+120）
	肘部（J3）	160（0~+160）
	腕部偏转（J4）	400（-200~+200）
	腕部俯仰（J5）	240（-120~+120）
	腕部翻转（J6）	720（-360~+360）

1）按照表 3-2 提供的数据，依次双击 Kinematics Editor-robot1 对话框中代表 j1~j6 关节的有向线段以打开 Joint Properties 对话框并展开其扩展栏目，为每个轴关节设置运动范围的最大常量值和最小常量值（见图 3-51）。

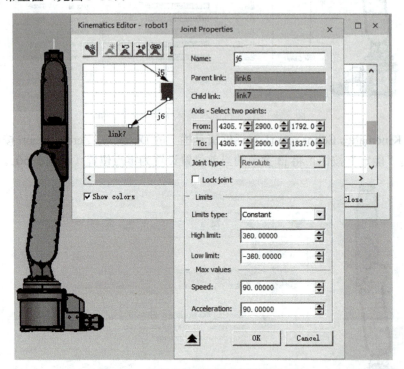

图 3-51 机器人关节运动范围常量值设定

小贴士：有些机器人的本体上会安装硬件限位装置，比如在旋转路径上安装挡块，因此需要手动旋转机器人关节来确认厂家给定的运动范围是否能完全达到。

2）再次单击 Kinematics Editor-robot1 对话框工具栏上的 Open Joint Jog 按钮，在弹出的 Joint Jog-robot1 对话框中可以观察到机器人所有六个轴的运动范围都已初步设定完成，每个轴都在初始的原点位置，其角度值为 0°（见图 3-52），当手动操作这些机器人关节时，机器人关节都会被限制在指定的范围内。

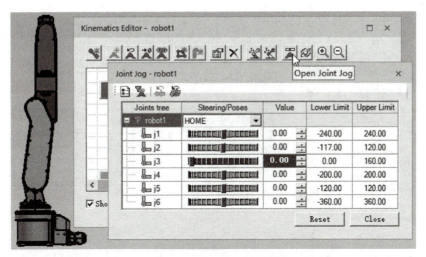

图 3-52　机器人关节运动范围验证

3. 机器人关节动态运动范围设定

尽管机器人的每个关节都已设定运动范围，但在 Joint Jog-robot1 对话框中调节机器人姿态时，机器人自身还是会发生干涉，而此时机器人的每个关节都没有超过运动范围（见图 3-53）。

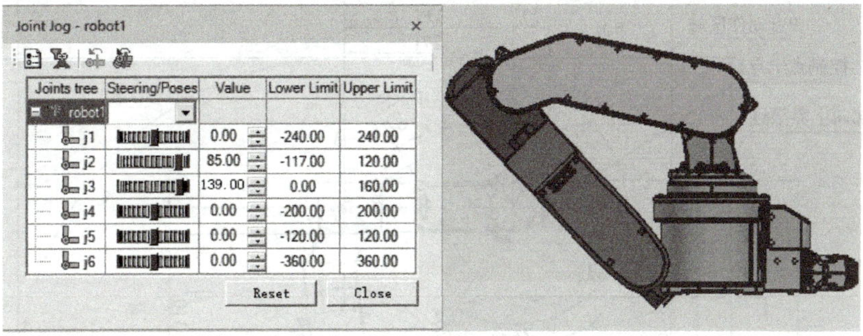

图 3-53　机器人关节未超限的情况下发生干涉

发生这种情况的原因是机器人厂家提供的是每个关节独立的运动范围，当机器人的多个关节联动时，某些关节的运动范围之间存在耦合性，它们的运动范围不能简单地用独立的常量值来设定，而是要根据机器人当前的姿态来决定当前关节的运动范围。对于六关节串联机器人来说，j2 关节和 j3 关节都可以改变机器人的俯仰姿态，它们的运动范围之间存在耦合性，所以需要以 j2 关节为基准，用变量的方式来设定 j3 关节的运动范围。

小贴士：对于有依赖关系的运动范围设定，需要根据机器人的运动范围图来进一步确认每个轴的运动范围，通过变量的方式来拟合确定。

1）双击 Kinematics Editor-robot1 对话框中代表 j3 关节的有向线段以打开 j3 关节的 Joint Properties 对话框并展开其扩展栏目，首先在 Limits type 下拉列表框中选择限制类型为 Variable，然后在 Fixed Joint 下拉列表框中选择 j2 关节为固定参考关节，此时会自动弹出 Variable Joint Values-j3, dependant on j2 对话框（见图 3-54）。如果没有自动弹出该对话框，可以单击 Fixed Joint 下拉列表框右侧的 Properties 按钮即可弹出此对话框。

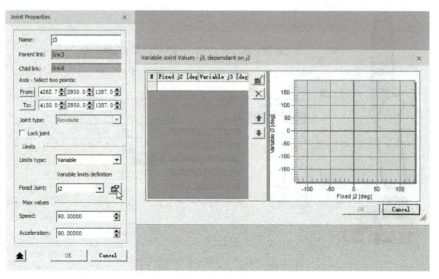

图 3-54　机器人关节动态运动范围设定

2）根据机器人厂家提供的产品资料，本书案例中对机器人的末端点 P 采样十一个点位（A 点~K 点）来对 j2 关节与 j3 关节的运动范围关系进行拟合（见图 3-55）。

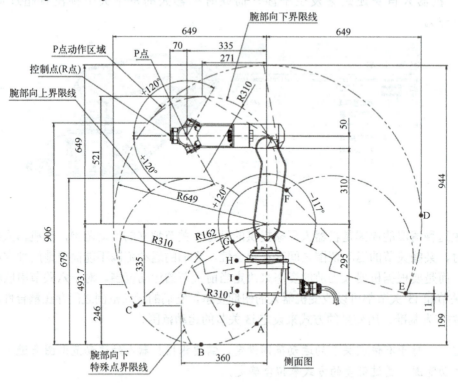

图 3-55　机器人工作范围图

A 点~G 点在机器人厂家提供的工作范围曲线上，厂家已提供机器人对应的轴值；H 点~K 点厂家未提供曲线和机器人对应的轴值，它们是手动操作机器人的末端到干涉区边缘所采样到的不同点及其对应的轴值。干涉区边缘采样的点越多，则描述 j2 关节和 j3 关节的运动范围关系越准确。图 3-55 中的采样点所对应的 j2 关节和 j3 关节的轴值见表 3-3。

表 3-3　机器人关节运动范围

点位	A	B	C	D	E	F	G	H	I	J	K
j2	120	120	120	-90	-117	-117	30	55	72	85	100
j3	112	69	8	8	11	160	160	150	140	130	115

3）将表 3-3 的数值填入到 Variable Joint Values-j3, dependant on j2 对话框中左侧的表格内，该表格右侧对应的坐标图上应出现一个由多个点连接而成的凸多边形（见图 3-56）。如果坐标图上的点没有连接成一个凸多边形，可以在其左侧表格中单击选中待调整顺序的点，然后单击表格右侧的 ↑ 或 ↓ 按钮改变点的排列顺序以获取凸多边形。调整完毕后即可单击 Variable Joint Values-j3, dependant on j2 对话框的 OK 按钮完成拟合设置，最后单击 j3 关节 Joint Properties 对话框的 OK 按钮结束其属性设定。

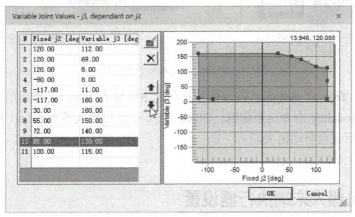

图 3-56　基于 j2 关节的 j3 关节动态限制范围拟合

4）机器人在默认的 HOME 姿态下各关节值为 0°，但 j3 关节动态运动范围设定完成后，其运动范围最小值是 8°。单击 Kinematics Editor-robot1 对话框工具栏上的 Open Pose Editor 按钮以打开 Pose Editor-robot1 对话框，然后单击 Pose Editor-robot1 对话框的 Edit 按钮编辑 HOME 姿态，将 j3 关节的轴值改为 90°（见图 3-57），最后单击 Pose Editor-robot1 对话框的 Close 按钮结束姿态编辑。

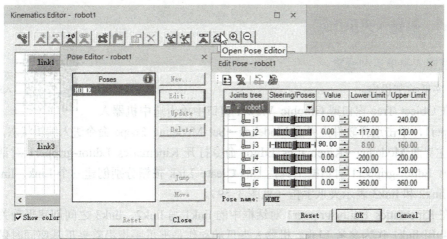

图 3-57　机器人修改默认 HOME 姿态

5）单击 Kinematics Editor-robot1 对话框工具栏上的 Open Joint Jog 按钮，打开 Joint Jog-robot1 对话框以验证机器人关节限定范围的正确性（见图 3-58）。验证关节运动无误后，单击 Joint Jog-robot1 对话框中的 Close 按钮以关闭该对话框，然后在 Kinematics Editor-robot1 对话框中单击其 Close 按钮以结束机器人 robot1 的运动设定。

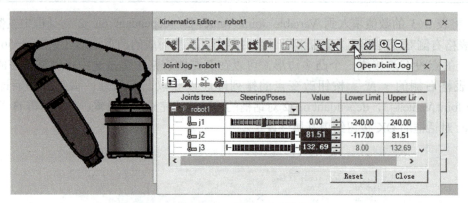

图 3-58　机器人运动范围手动操作验证

6）在 Object Tree 或 Graphic Viewer 中单击选中机器人 robot1，然后单击选择软件主界面 Modeling→End Modeling 命令结束编辑，Object Tree 中此机器人节点 robot1 图标左下角处之前多出的红色 M 小标记会自动消失。

任务 3.4　机器人末端执行器设置

通用的工业机器人仅有本体运动是不能完成工作任务的，需要在关节末端安装工具才能完成一定的工作任务。所以无论哪个品牌的工业机器人厂家，它们的工业机器人产品末端都以法兰盘的形式存在，该法兰盘起到机械接口的作用，用于安装各式各样的执行工具。通常把安装在机器人末端的工具称为机器人末端执行器。机器人末端执行器本身也会有动作或功能，比如打开与关闭、喷射与停止等等，这些都需要做相关设置才能正确工作。

3.4.1　机器人夹爪设定

1. 机器人夹爪运动设定

（1）夹爪关节设定

码 3-8　机器人夹爪设定

1）在 Object Tree 窗口或 Graphic Viewer 窗口中单击选中机器人夹爪 gripper1，单击选择软件主界面 Modeling→Set Modeling Scope 命令进入编辑状态，然后单击选择软件主界面 Modeling→Kinematics Editor 命令打开 Kinematics Editor-gripper1 对话框。单击 Kinematics Editor-gripper1 对话框工具栏上的 Create Link 按钮分别创建三个 Link，link1 表示夹爪基座，link2 和 link3 表示夹爪手指（见图 3-59）。

2）在 Kinematics Editor-gripper1 对话框中的 link1 与 link2、link3 之间创建平动关节，link2 和 link3 共用 link1 作为参考 Link。机器人夹爪的动作是夹爪手指沿着夹爪基座同时做相反方向的平动，设定手指的运动方向可以沿着夹爪导向槽的边沿，以向内为正，运动范围设定为

±10mm 之间（见图 3-60）。

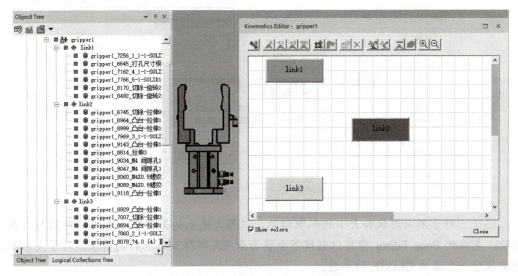

图 3-59　机器人夹爪 Link 创建

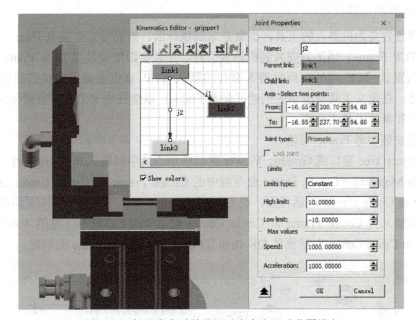

图 3-60　机器人夹爪关节运动方向和运动范围设定

（2）夹爪姿态设定

单击 Kinematics Editor-gripper1 对话框工具栏上的 Open Pose Editor 按钮以打开 Pose Editor-gripper1 对话框，然后单击 Pose Editor-gripper1 对话框的 New 按钮弹出 New Pose-gripper1 对话框，在 New Pose-gripper1 对话框中设定两个平动关节在关闭姿态下的位移值均为 2mm，然后为新姿态命名为 CLOSE 并单击 OK 按钮确认（见图 3-61）。

类似 CLOSE 姿态的创建，为夹爪再创建 OPEN 姿态和 CLOSE2 姿态，OPEN 姿态两个平动关节位移值设为 -7mm，CLOSE2 姿态两个平动关节位移值设为 7.7mm。新建姿态完毕后关闭 Pose Editor 对话框和运动学编辑器对话框。

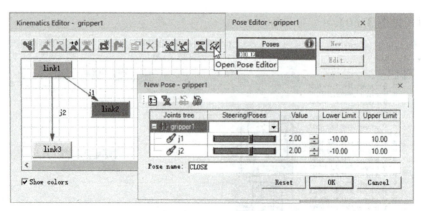

图 3-61 机器人夹爪姿态创建

小贴士：对于不同形状和大小的抓取对象，机器人夹爪的关闭姿态需要调整到与抓取对象相匹配，夹爪的 Pose Editor 中可以创建多个姿态来满足抓取多种物料的需求。对于夹爪而言，至少要包含一个名为 CLOSE 的姿态。

2．机器人夹爪工具设定

将夹爪设备定义为机器人的工具，也就是末端执行器，需要设定安装点 Base Frame 和新的工具中心点 TCP Frame。当工具安装到机器人上时，工具会跟随安装点 Base Frame 被重定位到机器人原有的默认 TCP 点处，而机器人原有的默认 TCP 点也会被重定位到新的工具中心点 TCP Frame 处。在定义工具前应事先创建好参考 Frame，以便在定义工具时直接使用参考 Frame 来指定安装点和新的工具中心点。

（1）夹爪安装参考 Frame 创建

1）在 Object Tree 窗口或 Graphic Viewer 窗口中单击选中机器人夹爪 gripper1，然后单击选择软件主界面 Modeling→Create Frame 命令组中的 Create Frame at Circle Center 命令，在弹出 Create Frame at Circle Center 对话框后，在 Graphic Viewer 窗口中夹爪安装端面两侧圆周上依次拾取三个点以输入到 Create Frame at Circle Center 对话框的文本框中（见图 3-62），最后单击 Create Frame at Circle Center 对话框的 OK 按钮完成夹爪安装参考 Frame 的创建。

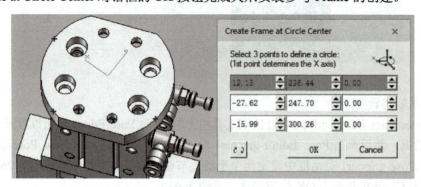

图 3-62 机器人夹爪安装参考 Frame 创建

2）在 Object Tree 窗口中将新创建的安装参考 Frame 名称更改为 baseref，然后利用 Relocate 命令将其方向调整到与夹爪的 Self Frame 方向相同（见图 3-63），确保夹爪正确安装到机器人上时该参考点将会与机器人法兰盘上默认的 TCP 点完全重合。

项目3 智能生产线典型生产设备设定

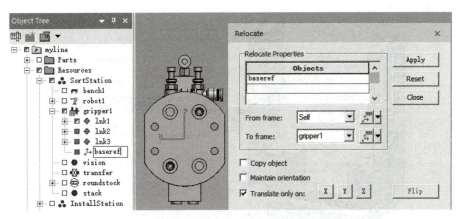

图 3-63 机器人夹爪安装参考 Frame 调整

小贴士：本书案例中装配站和喷涂站的机器人均使用带有快换接头的工具，在机器人法兰盘侧也装配有与工具对接的快换接头，设置此类工具的安装参考位置时需要考虑为机器人法兰盘侧的快换接头留出装配空间。推荐的设置方法是先将机器人法兰盘侧的快换接头临时与工具侧的快换接头相装配作为参考，然后将原本应该设定在工具侧快换接头端面的安装参考 Frame 偏移至机器人法兰盘侧快换接头的安装端面（见图3-64）。

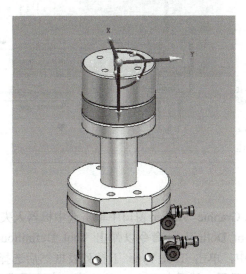

图 3-64 机器人快换工具安装参考 Frame 定位

（2）夹爪 TCP 参考 Frame 创建

1）在 Object Tree 窗口或 Graphic Viewer 窗口中单击选中机器人夹爪 gripper1，然后单击选择软件主界面 Modeling→Create Frame 命令组中的 Create Frame Between 2 Points 命令，在弹出 Create Frame Between 2 Points 对话框后，在 Graphic Viewer 窗口中依次拾取夹爪两根手指内侧弯折处中点以输入到 Create Frame Between 2 Points 对话框的文本框中，然后设置 Create Frame Between 2 Points 对话框中的滑块或微调框到 50%，这样夹爪手指内侧弯折处中点的连线中点上会出现新的 Frame（见图3-65），最后单击 Create Frame at Circle Center 对话框的 OK 按钮完成夹爪 TCP 参考 Frame 的创建。

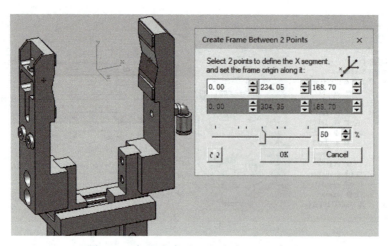

图 3-65　机器人夹爪 TCP 参考 Frame 创建

2）将新创建的 TCP 参考 Frame 命名为 toolref，并调整好方向（见图 3-66）。该 Frame 代表了机器人安装该工具后新的工具坐标系的位置和方向。

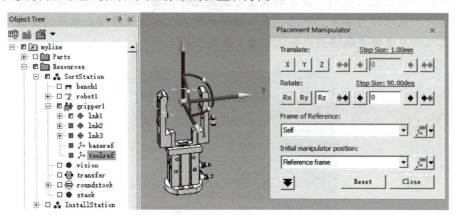

图 3-66　机器人夹爪 TCP 参考 Frame 调整

（3）夹爪工具定义

在 Object Tree 窗口或 Graphic Viewer 窗口中单击选中机器人夹爪 gripper1，然后单击选择软件主界面 Modeling→Tool Definition 命令以弹出 Tool Definition-gripper1 对话框。在 Tool Definition-gripper1 对话框中，单击 Tool Type 下拉列表框然后选择 Gripper 类型；单击 TCP Frame 下拉列表框使其高亮显示，然后在 Object Tree 窗口中选择或 Graphic Viewer 窗口中拾取夹爪的 TCP 参考 Frame，即 tcpref 点以输入；单击 Base Frame 下拉列表框使其高亮显示，然后在 Object Tree 窗口中选择或 Graphic Viewer 窗口中拾取夹爪的安装参考 Frame，即 baseref 点以输入；单击 Gripping Entities 列表的空白条目使其高亮显示，然后在 Graphic Viewer 窗口中逐一拾取夹爪的两根手指及手指上附着的垫片以输入。最后单击 OK 按钮结束工具定义（见图 3-67）。

在 Tool Definition-gripper1 对话框的 Gripping Entities 列表中选择的实体为夹爪中具有夹持功能的实体。在夹爪做夹取动作时，如果有目标对象触碰到这些夹持实体，则该目标对象就会附着在夹爪上跟随夹爪一起运动。如果允许夹爪夹取时目标对象与夹持实体之间有一定的间隙误差，无须触碰也可以实现夹取功能，则可以在 Tool Definition-gripper1 对话框的 Offset 微调按钮中调节允许间隙误差。

项目 3　智能生产线典型生产设备设定

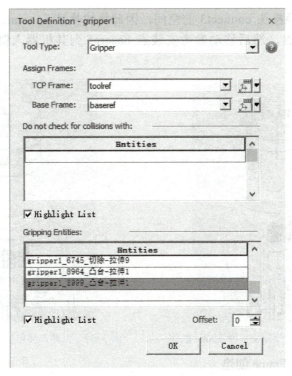

图 3-67　机器人夹爪工具定义

完成机器人夹爪 gripper1 的所有设定后，在 Object Tree 窗口或 Graphic Viewer 窗口中单击选中机器人夹爪 gripper1，再单击选择软件主界面 Modeling→End Modeling 命令结束其编辑。

3.4.2　机器人喷枪设定

本书案例中的机器人喷枪用于喷涂工件表面，涂料通过气阀的通断来进行喷涂作业，喷枪本身没有机械关节动作，这里直接对喷枪做好工具定义即可。喷枪工具需要定义三个 Frame，分别是 TCP Frame、Base Frame 和 Tip Frame。Base Frame 代表喷枪的安装点，Tip Frame 代表喷枪末端喷射的起点，TCP Frame 代表喷枪喷射的实际作用点。

码 3-9　机器人喷枪设定

1. 机器人喷枪参考 Frame 创建

（1）喷枪安装参考 Frame 创建

1）在 Object Tree 窗口或 Graphic Viewer 窗口中单击选中喷枪 spraygun，单击选择软件主界面 Modeling→Set Modeling Scope 命令组中的任意命令自由创建一个 Frame。创建完毕后在 Object Tree 窗口中的喷枪 spraygun 节点之下会新增一个 Frame，将其名称更改为 baseref。

2）在 Object Tree 窗口中单击选中喷枪节点 spraygun 之下的 baseref 点，使用 Relocate 命令将 baseref 点的位姿调整到与 spraygun 的 Self Frame 位姿重合。在 Relocate 对话框中设定 To frame 时，单击 Object Tree 窗口中的喷枪节点 spraygun，以便拾取喷枪 spraygun 的 Self Frame。当 baseref 点重定位到喷枪快换接头安装端面中心处后，继续使用 Placement Manipulator 命令调整其方向到正确的安装方向（见图 3-68）。

3）由于安装工具时工具中所设定的安装点 Base Frame 会与机器人法兰盘上默认的 TCP 点

相重合，需要留出快换接头 connect3 的空间，因此将快换接头 connect3 临时定位到与喷枪 spraygun 相装配的位置，然后移动参考安装点 baseref 到其机器人侧安装端面中心处（见图 3-69）。

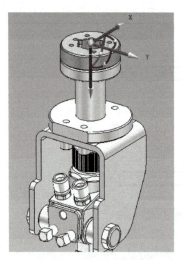 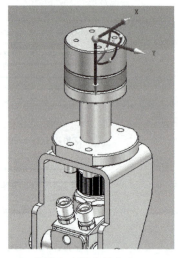

图 3-68　机器人喷枪安装参考 Frame 创建　　图 3-69　机器人喷枪安装参考 Frame 调整

（2）喷枪末端参考 Frame 创建

1）继续保持选中喷枪 spraygun，然后单击选择软件主界面 Modeling→Create Frame 命令组中任意命令自由创建一个 Frame，创建完毕后在 Object Tree 窗口中的喷枪 spraygun 节点之下会新增一个 Frame，将其名称更改为 tipref。

2）在 Object Tree 窗口中单击选中喷枪节点 spraygun 之下的 tipref 点，使用 Relocate 命令将 tipref 点的位置重定位到喷枪出口中心处，并调整其方向与喷枪安装参考点 baseref 的方向一致（见图 3-70），确保喷枪喷射时涂料从该点位置沿着 Z 轴正向喷出。

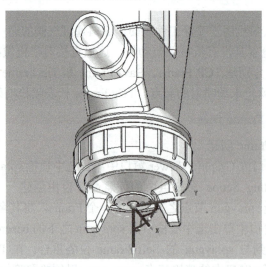

图 3-70　机器人喷枪末端参考 Frame 调整

（3）喷枪 TCP 参考 Frame 创建

1）继续保持选中喷枪 spraygun，然后单击选择软件主界面 Modeling→Create Frame 命令组中任意命令自由创建一个 Frame，创建完毕后在 Object Tree 窗口中的喷枪 spraygun 节点之下会新增一个 Frame，将其名称更改为 tcpref。

2）在 Object Tree 窗口中单击选中喷枪节点 spraygun 之下的 tcpref 点，使用 Relocate 命令将 tcpref 点的位置和姿态调整到与喷枪末端参考点 tipref 一致，然后再通过 Placement Manipulator 命令将 tcpref 点沿着其 Z 轴正向平移 50mm（见图 3-71）。

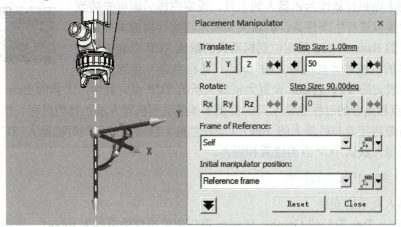

图 3-71　机器人喷枪 TCP 参考 Frame 调整

2. 机器人喷枪工具定义

在 Object Tree 窗口或 Graphic Viewer 窗口中单击选中喷枪 spraygun，然后单击选择软件主界面 Modeling→Tool Definition 命令，弹出 Tool Definition-spraygun 对话框。在 Tool Definition-spraygun 对话框中，单击 Tool Type 下拉列表框然后选择 Paint Gun 类型；单击 TCP Frame 下拉列表框使其高亮显示，然后在 Object Tree 窗口中选择或 Graphic Viewer 窗口中拾取喷枪的 TCP 参考 Frame，即 tcpref；单击 Base Frame 下拉列表框使其高亮显示，然后在 Object Tree 窗口中选择或 Graphic Viewer 窗口中拾取喷枪的安装参考 Frame，即 baseref；单击 Tip Frame 下拉列表框使其高亮显示，然后在 Object Tree 窗口中选择或 Graphic Viewer 窗口中拾取喷枪的末端参考 Frame，即 tipref。最后单击 OK 按钮结束工具定义（见图 3-72）。

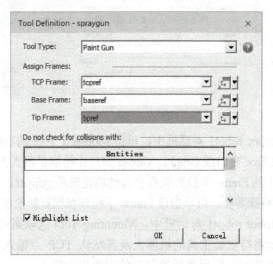

图 3-72　机器人喷枪工具定义

完成喷枪的所有设定后，在 Object Tree 窗口或 Graphic Viewer 窗口中单击选中喷枪 spraygun，再单击选择软件主界面 Modeling→End Modeling 命令结束编辑。

3.4.3 机器人末端执行器的安装与卸载

机器人的末端执行器作为机器人的工具，设定完成后即可安装到机器人的法兰盘以进行生产任务。机器人安装末端执行器的本质是将工具中所设定的 Base Frame 重定位到机器人的默认 TCP 点处进行重合，并将工具的机械本体与机器人的 link7（即法兰盘）相绑定，同时将工具中所设定的 TCP Frame 设置为机器人新的 TCP 点。其中，工具的 Base Frame 与机器人默认 TCP 点相重合的过程也是工具的机械本体挪动到机器人法兰盘的过程。机器人卸载末端执行器的本质是将工具与机器人的 link7（即法兰盘）解除绑定，同时机器人 TCP 点的位置和姿态恢复为机器人默认 TCP 点的位置和姿态。

码 3-10 机器人末端执行器的安装与卸载

1. 机器人夹爪的安装与卸载

（1）机器人夹爪的安装

1）在 Object Tree 窗口或 Graphic Viewer 窗口中单击选中机器人 robot1，单击选择软件主界面 Robot→Mount Tool 命令，弹出 Mount Tool-Robot robot1 对话框。Mount Tool-Robot robot1 对话框中的 Mounted Tool 选项组用于指定机器人待安装的工具及该工具的安装起始点；Mounting Tool 选项组用于指定待安装工具的机器人及该工具的安装目标点（见图 3-73）。

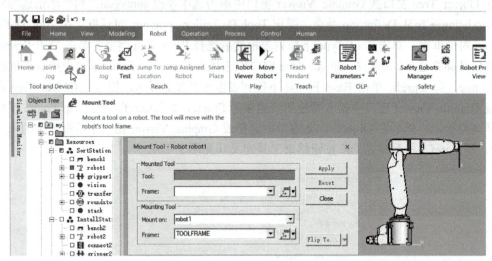

图 3-73 机器人 Mount Tool 命令界面

2）在 Mount Tool-Robot robot1 对话框中，单击 Mounted Tool 选项组的 Tool 下拉列表框使其高亮显示，然后在 Object Tree 窗口或 Graphic Viewer 窗口中拾取机器人夹爪 gripper1 作为输入，此时 Mounted Tool 选项组中的 Frame 下拉列表框会自动填充夹爪 gripper1 中所设定的 Base Frame 安装点（见图 3-74）。如有特殊需要，可单击该 Frame 下拉列表框重新拾取新的 Frame 作为输入。

3）在 Mount Tool-Robot robot1 对话框中，Mounting Tool 选项组的 Mount on 下拉列表框和 Frame 下拉列表框已自动将待安装工具的机器人及其默认 TCP 点输入完毕（见图 3-74），如有特殊需要，可单击对应下拉列表框后重新拾取新的对象作为输入。

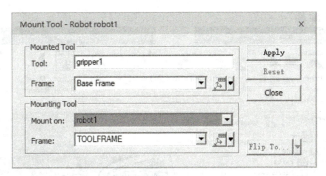

图 3-74　机器人夹爪工具安装

4）完成 Mount Tool-Robot robot1 对话框的设定后，单击 Mount Tool 对话框的 Apply 按钮将机器人夹爪 gripper1 安装到机器人 robot1 之上，最后单击 Mount Tool 对话框的 Close 按钮结束机器人安装工具操作。

5）在 Graphic Viewer 窗口中单击选中机器人 robot1，在弹出的快捷菜单中选择 Robot Jog 命令，此时机器人处于手动操作状态下，机器人的 TCP 点已经由法兰盘外侧端面中心处变换到夹爪工具中所定义的 TCP Frame 处（见图 3-75），并且夹爪会跟随法兰盘一起运动。

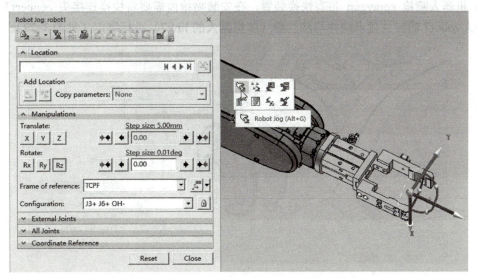

图 3-75　机器人夹爪工具安装验证

（2）机器人夹爪的卸载

如果需要卸载机器人夹爪，在 Object Tree 窗口或 Graphic Viewer 窗口中单击选中夹爪 gripper1，单击选择软件主界面 Robot→UnMount Tool 命令即可。卸载后机器人夹爪不再和法兰盘一起运动，机器人的 TCP 点也回归到默认的工具坐标系上，即机器人法兰盘外侧端面的中心点位置（见图 3-76）。

2. 机器人喷枪的安装与卸载

本书案例中，喷涂工作站的喷枪 spraygun 需安装于机器人 robot3 之上，机器人 robot3 需事先参照机器人 robot1 的设定过程，提前做好关节运动及坐标系等相关设定，喷枪 spraygun 才能正确安装到机器人 robot3 上。

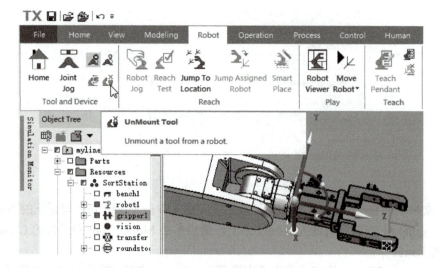

图 3-76　机器人夹爪工具卸载验证

（1）机器人喷枪的安装

1）机器人喷枪 spraygun 带有快换装置，在安装喷枪前需要将快换连接头 connect3 重定位到机器人 robot3 的法兰盘末端并与法兰盘（即机器人的 link7）进行绑定（见图 3-77）。

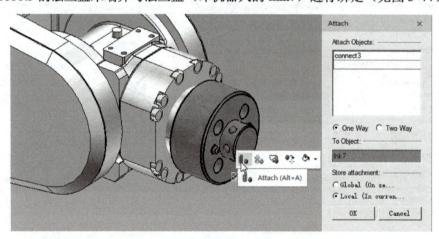

图 3-77　机器人绑定快换连接头

2）在 Object Tree 窗口或 Graphic Viewer 窗口中单击选中机器人 robot3，单击选择软件主界面 Robot→Mount Tool 命令，弹出 Mount Tool-Robot robot3 对话框。Mount Tool-Robot robot3 对话框的 Mounted Tool 选项组的 Tool 文本框自动高亮显示，直接在 Object Tree 窗口或 Graphic Viewer 窗口中拾取机器人喷枪 spraygun 作为输入，然后单击 Mount Tool-Robot robot3 对话框的 Apply 按钮完成喷枪的安装（见图 3-78）。最后单击 Mount Tool-Robot robot3 对话框的 Close 按钮结束机器人安装工具操作。

3）在 Graphic Viewer 窗口中单击选中机器人 robot3，在弹出的快捷菜单中选择 Robot Jog 命令，此时机器人处于手动操作状态下，机器人的 TCP 点已经由法兰盘外侧端面中心处变换到喷枪工具中所定义的 TCP Frame 上（见图 3-79），并且喷枪会跟随法兰盘一起运动。

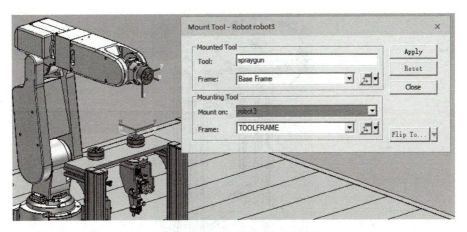

图 3-78　机器人喷枪工具安装设定

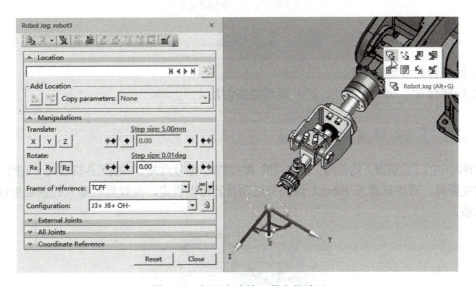

图 3-79　机器人喷枪工具安装验证

（2）机器人喷枪的卸载

在 Object Tree 窗口或 Graphic Viewer 窗口中单击选中喷枪 spraygun，单击选择软件主界面 Robot→UnMount Tool 命令即可卸载机器人喷枪。喷枪卸载后不再和机器人的法兰盘一起运动，机器人的 TCP 点也回归到默认的工具坐标系上，即机器人法兰盘外侧端面的中心点位置。

技能实训 3.5　智能生产线生产设备设定

3.5.1　工作站喷涂回转台运动设定

机器人喷涂工件时，工件一般被放置于回转台上做旋转运动，以便机器人对工件进行全方位喷涂（见图 3-80）。

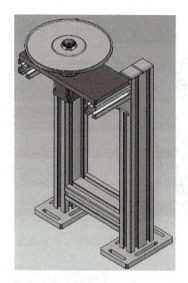

图 3-80 机器人喷涂工作站回转台

1)回转台关节运动设定。
2)回转台 0°、90°、180°、270°运动姿态创建。

3.5.2 工作站机器人运动设定

工作站中的工业机器人均使用三菱公司的 RV-2FRL 型号六关节串联工业机器人(见图 3-81),下载相关资料,对该机器人 robot2 做关节运动及其范围设定,并设置机器人的基础坐标系和工具坐标系。

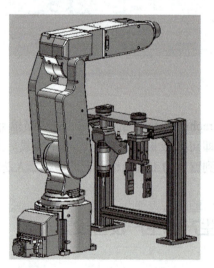

图 3-81 机器人与末端执行器

1)机器人六个旋转关节运动设定。
2)机器人默认基础坐标系和默认工具坐标系设定。
3)机器人各轴运动范围设定。

3.5.3 工作站机器人工具定义与安装

快换夹爪和快换胶枪是机器人的常用末端执行器（见图 3-81），其中快换胶枪通过电磁阀来控制胶体从枪尖流出，无机械运动。

1）快换夹爪 gripper2、gripper3 和快换胶枪 gumminggun 的参考安装点与参考 TCP 点创建。

2）快换夹爪 gripper2、gripper3 和快换胶枪 gumminggun 的工具定义。

3）安装快换胶枪 gumminggun 到机器人法兰盘末端。

【实训考核评价】

根据学生的实训完成情况给予客观评价，见表 3-4。

表 3-4 实训考核评价

考核内容	配分	考核标准	得分
设备关节运动设定	20	关节运动类型设置正确 关节运动方向设置正确 能够设置设备运动姿态	
机器人坐标系设定	20	正确设置机器人的 Base Frame 正确设置机器人的 TCP Frame	
机器人运动范围设定	20	正确设置机器人各轴的运动范围 正确拟合 j2 轴和 j3 轴之间的运动范围关系	
机器人工具定义	20	工具类型、TCP Frame 和 Base Frame 设置正确	
机器人工具安装	20	能够正确安装带有快换部件的工具到机器人上	
合 计			

素养小栏目

勤于学、敏于思，坚持博学之、审问之、慎思之、明辨之、笃行之，以学益智、以学修身、以学增才。尽管我们掌握了旋转关节和平动关节的基本运动定义，但对于一些复杂的运动机构，比如曲柄摇杆机构，还需要学习使用 PS 软件提供的平面四杆机构定义向导，用来完成设备运动学定义。所以学无止境，我们要勇于探索新知识，获得新技能。

项目 4　智能生产线典型生产工艺规划仿真

【项目引入】

智能生产线的典型特征之一是使用工业机器人代替工人,将工人从繁重的体力劳动和危险有害的工作环境中解放出来,并且高质量、高速度、低成本地完成生产任务。本项目以智能生产线中常见的工业机器人工作站生产任务为例来讲解如何规划仿真工业机器人工作站的典型工艺操作。

【学习目标】

1)掌握设备动作和产品传送的仿真。
2)掌握工业机器人典型工艺路径的规划。
3)掌握工业机器人典型工艺操作的设置和仿真优化。

任务 4.1　机器人分拣搬运规划仿真

4.1.1　设备操作和对象流操作规划仿真

在产品的制造过程中,生产物料会在生产线中流转。在本书案例的机器人分拣工作站中,当旋转料仓旋转到分拣工位后,物料零件上盖 parta、下盖 partb 和芯柱 partc 将它们均由传送带的起点传送到传送带的终点,然后由机器人将它们夹起放入旋转料仓中(见图 4-1)。在传送带传送物料期间,机器视觉系统会识别物料类型以便机器人将物料搬运至旋转料仓对应的仓位中。

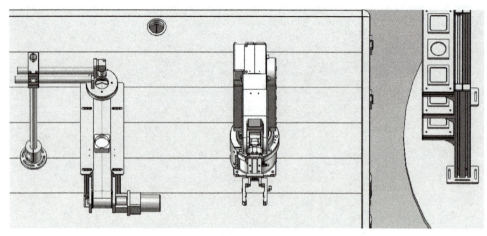

图 4-1　机器人分拣工作站

1. 设备操作规划仿真

在机器人分拣物料之前，旋转料仓需要转动到分拣工位，该工艺步骤可以由设备操作 Device Operation 来实现。

码 4-1 设备操作规划仿真

（1）建立设备操作

在 Operation Tree 窗口中单击选中 SortStation 节点，再单击选择软件主界面 Operation→New Operation→New Device Operation 命令以新建设备操作（见图 4-2）。

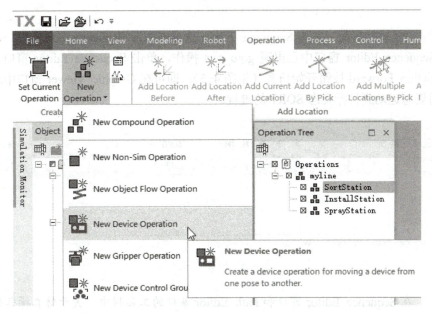

图 4-2 新建设备操作

在弹出的 New Device Operation 对话框中，在 Name 文本框内输入操作名 goto_sort；单击 Device 文本框使其高亮显示，拾取旋转料仓 roundstock 作为输入；在 From Pose 下拉列表框内选择旋转料仓 roundstock 的当前姿态（current pose）作为设备操作的起始姿态；在 To Pose 下拉列表框内选择旋转料仓 roundstock 的 SORT 姿态作为设备操作的目标姿态。然后单击 New Device Operation 对话框左下方的箭头 ▼ 展开扩展栏目，在 Duration 文本框内输入 3 以设定操作持续时间为 3s，最后单击该对话框的 OK 按钮以完成旋转料仓转动到分拣工位的设备操作创建（见图 4-3）。

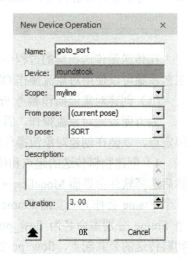

图 4-3 设备操作设定

（2）设备操作仿真验证

设备操作需要作为当前操作加载到 Sequence Editor 窗口中才能进行仿真验证。首先右击 Operation Tree 窗口中的 goto_sort 操作节点，在弹出的快捷菜单中选择 Set Current Operation 命令将其设为当前操作（见图 4-4）。

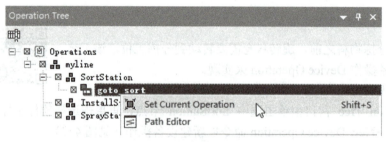

图 4-4　设置当前操作

然后单击 PS 软件界面下方的 Sequence Editor 选项卡激活 Sequence Editor 窗口，此时可以观察到在 Sequence Editor 窗口中已出现 goto_sort 操作，单击 Sequence Editor 窗口工具栏上的 Plays Simulation Forward 按钮开始仿真（见图 4-5），即可在 Graphic Viewer 窗口中观察到旋转料仓从当前姿态运动到目标姿态 SORT 的过程。

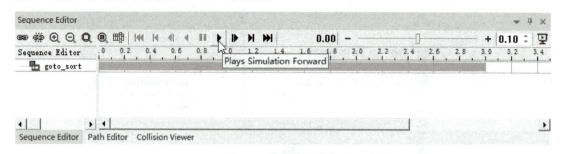

图 4-5　设备操作仿真

小贴士：在 Sequence Editor 窗口和 Path Editor 窗口的工具栏中，关于仿真操作的功能按钮定义类同。常用的有 Plays Simulation Forward 按钮 ▶，用于启动仿真操作；Pause Simulation 按钮 ∥，用于暂停仿真操作；Jump Simulation to Start 按钮 ⏮，用于复位仿真操作到最初状态。

2．对象流操作规划仿真

码 4-2　对象流操作规划仿真

在传送带传送物料的过程中，物料的位置或姿态会发生变化，该工艺步骤可以使用对象流操作 Object Flow Operation 来实现。

（1）创建对象流操作参考 Frame

为方便设定对象流操作，首先需要创建参考 Frame 来表达物料传送的起点、终点以及物料绑定点，以便在创建对象流操作时使用这些参考 Frame 对物料传送过程进行设定。

1）创建物料传送的起点和终点参考 Frame。单击选中 Object Tree 窗口中的 Frames 节点，然后选择软件主界面 Modeling→Create Frame 命令组中的任意命令依次自由创建三个 Frame，这三个 Frame 会作为独立的 Frame 资源自动保存在 Object Tree 窗口中的 Frames 节点下。将这三个 Frame 分别重命名为 flow_pos1、flow_pos2、flow_pos3，并将 flow_pos1 重定位到传送带上物料传送的公共起点，flow_pos2 重定位到传送带上传送上盖 parta 和下盖 partb 的公共终点，flow_pos3 重定位到传送带上传送芯柱 partc 的终点。由于该传送带传送物料的方式是直线平移，物料姿态不会发生变化，因而这三个 Frame 的姿态应该相同。在本书案例中，这三个 Frame 的 Z 轴均垂直于传送带表面，Y 轴均指向物料运动的方向（见图 4-6）。

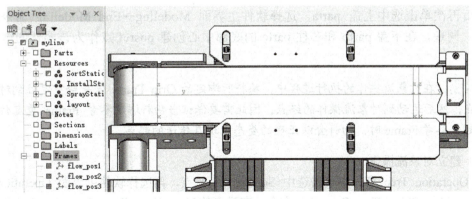

图 4-6　物料传送参考 Frame

2）创建物料绑定参考 Frame。对象流操作的实质是将物料所绑定的 Grip Frame 由指定的起点传送到终点，从而带动物料一起运动流转。因此需要创建物料绑定参考 Frame，以便在创建 Object Flow 操作时指定物料所要绑定的 Grip Frame。在 Object Tree 窗口或 Graphic Viewer 窗口中单击选中上盖 parta，再选择软件主界面 Modeling→Set Modeling Scope 命令使其进入编辑状态，然后选择软件主界面 Modeling→Create Frame 命令组中的任意命令自由创建一个 Frame，该 Frame 在 Object Tree 窗口中位于零件节点 parta 之下，将它重命名为 posref，并重定位到 parta 的底部中心，调整其方向与 parta 的 selfFrame 相同（见图 4-7）。

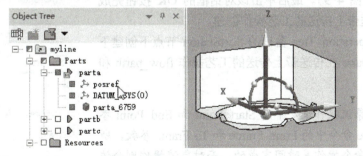

图 4-7　物料绑定参考 Frame

3）继续选中该 Frame，选择软件主界面 Modeling→Set Objects to be Preserved 命令，使该 Frame 在上盖 parta 编辑完成后保持对外可见（见图 4-8）。

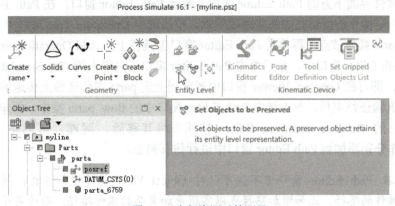

图 4-8　内部资源对外可见

最后再次单击选中上盖 parta，选择软件主界面 Modeling→End Modeling 命令结束上盖编辑。同理，在下盖 partb 和芯柱 partc 的底部中心创建 posref 点作为该零件的绑定参考 Frame。

小贴士：在对象流操作的执行过程中，物料所绑定的 Grip Frame 首先会重定位到对象流操作的起点，然后运动到对象流操作的终点。因此需要保证当物料绑定参考 Frame 重定位到物料传送的起点参考 Frame 时，物料会以正确的姿态出现在传送的起点。

（2）建立对象流操作

在 Operation Tree 窗口中单击选中 SortStation 节点，再选择软件主界面 Operation→New Operation→New Object Flow Operation 命令，在弹出的 New Object Flow Operation 对话框中，在 Name 文本框内输入操作名 flow_parta；单击 Object 文本框使其高亮显示，拾取上盖 parta 作为输入；单击 Start Point 文本框使其高亮显示，拾取 flow_pos1 点作为输入；单击 End Point 文本框使其高亮显示，拾取 flow_pos2 点作为输入。然后单击 New Object Flow Operation 对话框左下方的箭头展开扩展栏目，单击 Grip Frame 文本框使其高亮显示，拾取上盖 parta 的 posref 点作为输入；在 Duration 文本框内输入 3 以设定操作持续时间为 3s（见图 4-9）。最后单击该对话框的 OK 按钮完成上盖 parta 在传送带上传送的工艺操作创建。

同理，在 Operation Tree 窗口的 SortStation 节点下创建下盖 partb 和芯柱 partc 在传送带上传送的工艺操作 flow_partb 和 flow_partc。

小贴士：对象流操作设定中的 Start Point 和 End Point 参数相当于 Relocate 命令中的 From Frame 和 To Frame 参数，所不同的是重定位命令操作是瞬间完成的，而对象流操作则会依据所设定的时间展示目标对象在空间中的位姿变化过程。

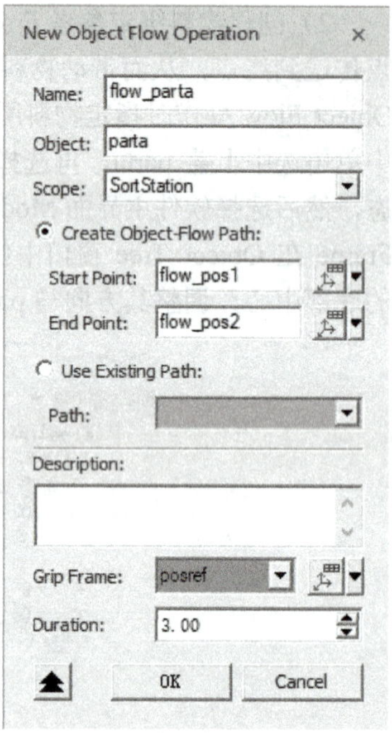

图 4-9　对象流操作设定

（3）对象流操作仿真验证

单击 PS 软件界面下方的 Path Editor 选项卡激活 Path Editor 窗口，在 Path Editor 窗口中可以对 Object Flow 操作进行仿真控制和路径编辑。单击选中 Operation Tree 窗口中 Sort Station 节点下的 flow_parta 操作节点，再单击 Path Editor 窗口工具栏上的 Add Operations to Editor 按钮将其添加到 Path Editor 窗口中，最后单击 Path Editor 窗口工具栏上的 Play Simulation Forward 按钮开始仿真，即可在 Graphic Viewer 窗口中观察到上盖 parta 在传送带上传送的工艺过程（见图 4-10）。仿真验证结束后，单击选中 Path Editor 窗口中的 flow_parta 操作，再单击 Path Editor 窗口工具栏上的 Remove Itemfrom Editor 按钮将其移除。同理，可以将 flow_partb 和 flow_partc 操作分别添加到 Path Editor 窗口中进行仿真验证。

小贴士：在 Path Editor 窗口中不仅可以对 Object Flow 操作进行仿真控制，还可以编辑 Object Flow 操作的路径，比如增加路径点以实现更加复杂的操作路径。后续关于机器人操作的工作路径规划中会使用到路径编辑相关功能，这里不再赘述。

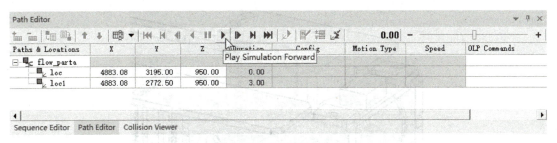

图 4-10　对象流操作仿真

4.1.2　机器人搬运操作规划仿真

1. 机器人搬运参考 Frame 创建

在创建机器人搬运操作前，首先需要确定机器人的 TCP 点在何处、以何姿态，能够确保机器人正确夹取和放置物料，并使用参考 Frame 进行表达。

码 4-3　机器人搬运参考 Frame 创建

（1）机器人夹取参考 Frame 创建

1）寻找机器人夹取位姿。将待夹取的上盖 parta 放置在传送带末端，然后在 Graphic Viewer 窗口中单击已安装好夹爪 gripper1 的机器人 robot1，在弹出的快捷菜单中选择 Robot Jog 命令以打开 Robot Jog 对话框，手动操作机器人以寻找适当的夹取位置。不难发现，当机器人的 TCP 点位置与 parta 的上端面中心点位置重合时，机器人能够在不发生任何设备干涉的情况下夹取 parta（见图 4-11）。

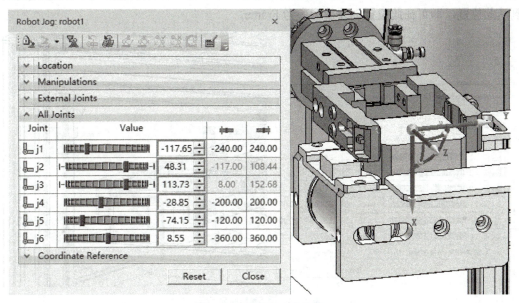

图 4-11　机器人夹取位姿

2）创建机器人夹取参考 Frame。单击选中 Object Tree 窗口中的 Frames 节点，然后选择软件主界面 Modeling→Create Frame 命令组中的任意命令自由创建一个 Frame，并将其重命名为 pick_parta，然后将其重定位到处于传送带末端的上盖 parta 的上端面中心点处，并将其方向调整到机器人夹取上盖时的 TCP 点方向（见图 4-12）。

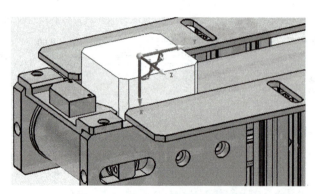

图 4-12　机器人夹取参考 Frame

同理，在 Object Tree 窗口中的 Frames 节点下创建名为 pick_partb 和 pick_partc 的夹取参考 Frame，用以表达机器人夹取 partb 和 partc 时 TCP 点的位姿。

小贴士：夹取参考 Frame 不仅表达机器人 TCP 点所要到达的位置，还表达了机器人 TCP 点所要满足的方向。夹取参考 Frame 的方向应与机器人夹取时的 TCP 点方向一致，否则机器人会因为不能满足姿态要求而不能到达此点。

（2）机器人放置参考 Frame 创建

1）寻找机器人放置位姿。通过手动操作将旋转料仓 roundstock 调整到 SORT 姿态使其料架 stack 正对机器人分拣工作站，再将上盖重定位到料架的对应仓位中，然后类似机器人夹取位姿的寻找过程，手动操作已安装好夹爪 gripper1 的机器人 robot1，使其 TCP 点到达上盖上端面中心点处（见图 4-13），用以验证该点位置的可达性和干涉性。如果机器人可以在无干涉的情况下到达此位置，即可在此位置创建放置参考 Frame。

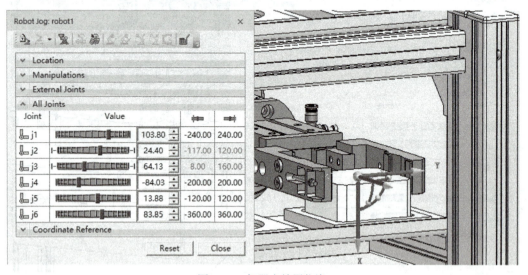

图 4-13　机器人放置位姿

小贴士：在机器人放置位姿的可达性验证中不难发现，机器人不可到达料架的最上层料仓，这需要反馈给相关设计人员，使其在布局、工艺或设备方面做出合适的更改。本书案例中采用料架的中间层来放置物料。

2）创建机器人放置参考 Frame。由于料架会跟随旋转料仓的桌面一起旋转，因而需要在料架 stack 内部创建参考 Frame 来表达机器人放置物料的位姿，以便参考 Frame 跟随旋转料仓一起运动。在 Object Tree 窗口或 Graphic Viewer 窗口中单击选中料架 stack，选择软件主界面 Modeling→Set Modeling Scope 命令使其进入编辑状态，再选择软件主界面 Modeling→Create Frame 命令组中的任意命令自由创建一个 Frame，该 Frame 在 Object Tree 窗口中位于料架节点 stack 之下，将其重命名为 parta_ref，然后将其重定位到料架仓位中上盖 parta 的上端面中心点处，并将其方向调整到机器人放置上盖时的 TCP 点方向（见图 4-14）。

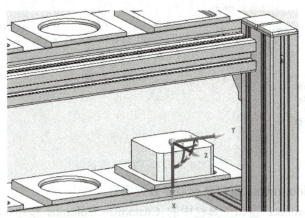

图 4-14　机器人放置参考 Frame

继续选中 parta_ref 点，选择软件主界面 Modeling→Set Object to be Preserved 命令，使该点在料架 stack 编辑完成后保持对外可见。最后再次单击选中料架 stack，选择软件主界面 Modeling→End Modeling 命令以结束料架 stack 的编辑。同理，在料架 stack 中创建 partb_ref 点和 partc_ref 点作为下盖 partb 和芯柱 partc 的放置参考 Frame。在本书案例中，从机器人面对料仓的方向观察，芯柱 partc 会放置到料架中间层的中间仓位中，而上盖 parta 和下盖 partb 会分别放置到芯柱 partc 左右两侧的仓位中。

2. 机器人抓放操作创建

码 4-4　机器人抓放操作创建

在 Operation Tree 窗口中单击选中 SortStation 节点，再选择软件主界面 Operation→New Operation→New Pick and Place Operation 命令以新建机器人抓放操作。在弹出的 New Pick and Place Operation 对话框中，在 Name 文本框内输入操作名 carry_parta；在 Robot 下拉列表框内选择 robot1；在 Gripper 下拉列表框内选择 gripper1；在 Gripper Pick and Place Poses 选项区中，Pick 下拉列表框内选择夹爪的 CLOSE 姿态，Place 下拉列表框内选择夹爪的 OPEN 姿态；在 Define Pick and Place Point 选项区中，单击 Pick 文本框使其高亮显示，拾取夹取参考 Frame，即 pick_parta 点作为输入；单击 Place 文本框使其高亮显示，拾取放置参考 Frame，即 parta_ref 点作为输入。最后单击 New Pick and Place Operation 对话框的 OK 按钮确认完成（见图 4-15）。

图 4-15　创建机器人搬运操作

3. 机器人搬运工艺路径规划仿真

（1）加载机器人工艺路径

单击选中 Operation Tree 窗口中 SortStation 节点下的 carry_parta 操作节点，再单击 Path Editor-robot1 窗口工具栏上的 Add Operations to Editor 按钮将其添加到 Path Editor 窗口中。Path Editor-robot1 窗口中的列表显示了机器人操作中所包含的所有工艺路径点，机器人通过执行每个路径点所设定的各项参数以完成所赋予的工艺操作（见图 4-16）。

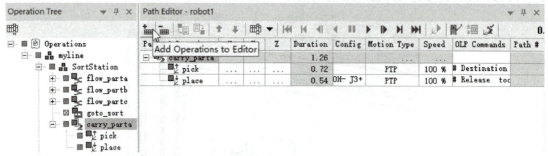

图 4-16　加载机器人工艺路径

（2）定制 Path Editor-robot1 窗口路径点参数列表

单击 Path Editor-robot1 窗口工具栏中的 Customize Columns 按钮，在弹出的 Customize Columns 窗口中，从左侧列表框中选择所需要监控的路径点参数项目添加到右侧列表框中（见图 4-17）。

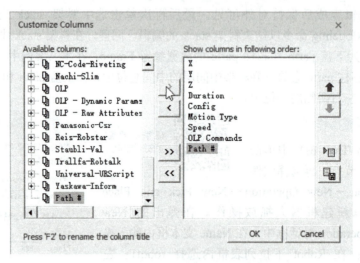

图 4-17　路径编辑器定制参数栏

其中，X/Y/Z 用于设定机器人 TCP 点的空间位置，Duration 用于指示机器人 TCP 点运动到该路径点所消耗时间，Config 用于设定机器人 TCP 点到达该路径点时的轴姿态，Motion Type 用于设定机器人 TCP 点运动到该路径点的运动方式，OLP Commands 用于设定机器人 TCP 点运动到该路径点后需要执行的非运动功能命令，Path 用于设定机器人的程序路径号。

（3）机器人搬运工艺路径编辑

在 Path Editor 窗口中可以观察到目前机器人的搬运操作中只有 pick 和 place 两个工作路径点，需要增加若干过渡路径点以形成完整的机器人工作路径。

1)增加夹取过渡点。单击选中 Path Editor 窗口中的 pick 点,选择软件主界面 Operation→Add Location Before 命令,此时 Path Editor 窗口中的 pick 点之前自动插入了一个名为 via 的过渡点,并且 Robot Jog 对话框自动打开。这个新插入的 via 点与之前选中的 pick 点之间默认重合,通过 Robot Jog 对话框可以将此过渡点调整到自己所需要的位置和姿态。这里把 via 点沿着机器人工具坐标系的 X 轴负向平移到 pick 点的正上方即可(见图 4-18),这样可以保证机器人在抓取物料时由正上方垂直向下。

小贴士:使用 Add Location Before 命令可以在指定路径点之前增加相同路径点以作修改;使用 Add Location After 命令可以在指定路径点之后增加相同路径点以作修改;使用 Add Current Location 命令则可以在指定路径点之后增加路径点以记录机器人 TCP 点的当前位姿。每当增加路径点时,软件都会为新增的路径点以 via 为前缀自动命名,如有需要,可以后续重命名该路径点。

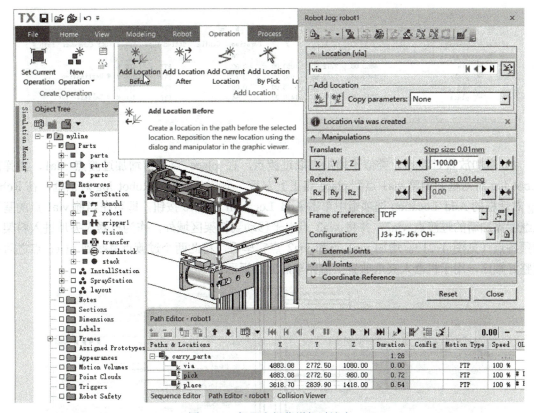

图 4-18 机器人操作增加过渡点

2)复用夹取过渡点。当机器人夹取到上盖后,还需要垂直向上回到之前的 via 点,可以直接复制已有的路径点进行复用。在 Path Editor 窗口中,单击选中 carry_parta 操作下的 via 点,选择软件主界面 Home→Copy 命令复制 via 点;再单击选中 carry_parta 操作,选择软件主界面 Home→Paste 命令将之前复制的 via 点拷贝到该操作下(见图 4-19)。

3)调整夹取路径点顺序。单击选中复制而来的 via 点,再单击 Path Editor-robot1 窗口工具栏上的 Move Up 按钮 ↑ 或 Move Down 按钮 ↓,将复制而来的 via 点调整到 pick 点之后(见图 4-20)。

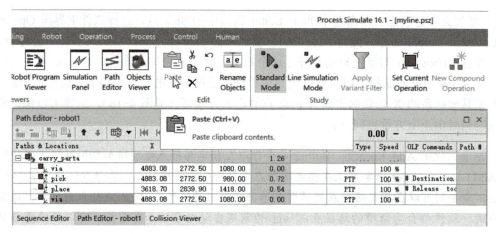

图 4-19　机器人路径点复制粘贴

图 4-20　机器人路径点顺序调整

4）增加放置过渡点。类似于增加夹取过渡点，在 place 点之前增加过渡点 via1，当弹出 Robot Jog 对话框并调整 via1 点到 place 点正上方后，不必立刻关闭 Robot Jog 对话框，在 Robot Jog 对话框的 Add Location 选项组中单击 Add Location Before 按钮，即可在当前 via1 点的基础上继续添加新的过渡点 via2，并将 via2 点水平移动到料架区域外，作为机器人夹爪进入料架前的预备点（见图 4-21）。增加 via1 点和 via2 点完毕后，将此两个过渡点复制到 place 点之后并调整好顺序，用于机器人夹爪放置上盖完毕后原路返回。

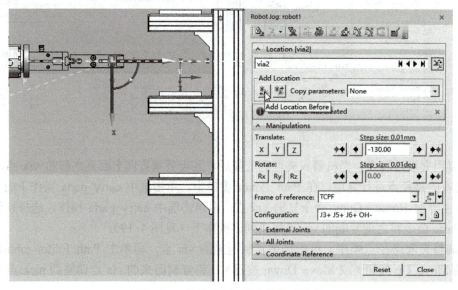

图 4-21　连续增加机器人操作过渡点

5）设置路径点运动类型。考虑到机器人抓放上盖和进出料架需要做直线运动，需要将相关路径点的运动类型由默认的点到点运动类型 PTP 更改为直线运动类型 LIN（见图 4-22）。

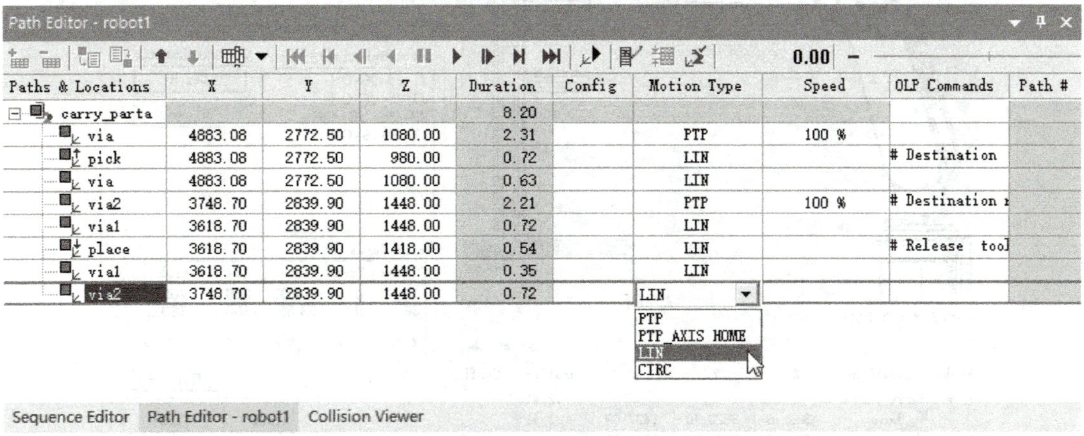

图 4-22　机器人路径点运动类型设定

（4）机器人搬运工艺路径验证优化

1）路径点示教。单击 Path Editor 窗口工具栏上的 Play Simulation Forward 按钮▶开始仿真，可以观察到机器人到达 place 点时六个轴值组合十分奇特（见图 4-23）。

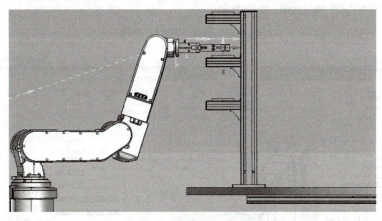

图 4-23　机器人位姿奇特

这是因为机器人的 TCP 点到达指定位姿时，六个轴值有多种组合来满足 TCP 的位姿需求。用户可以在 Path Editor 窗口中单击当前路径点对应的 Config 栏参数，在弹出的 Robot Configuration 对话框的 Robot Solutions 选项组中选择更为优化的轴值组合选项，然后单击 Teach 按钮进行示教（见图 4-24）。示教完成后机器人会根据用户示教的轴值组合到达该路径点。

2）增加引导过渡点。如果示教过的目标路径点与相邻的前一路径点姿态相差过大，机器人可能不会按照预先示教的六轴组合值到达该目标路径点甚至不可到达，此时用户需要在这两点之间增加合适的过渡点来引导机器人以示教的六轴组合值到达目标路径点。在 Graphic Viewer 窗口中单击选中机器人 robot1，在弹出的快捷菜单中选择 Robot Jog 命令，手动操作机器人，将其六轴组合值设定为（0°, 0°, 90°, 0°, 0°, 0°），即机器人处于自身的 HOME 姿态，然后单击 Path Editor 窗口中的 carry_parta 操作，选择软件主界面 Operation→Add Current Location 命令，将机器人 TCP 点的当前位姿作为路径点 via3 记录在 carry_parta 操作下（见图 4-25）。

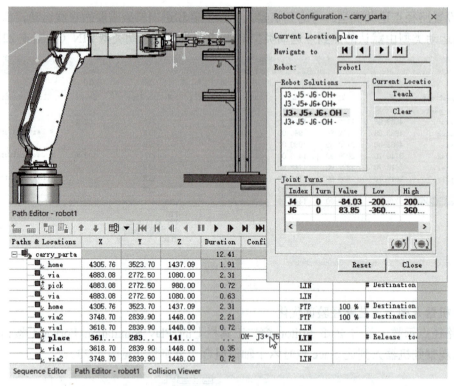

图 4-24　机器人路径点示教

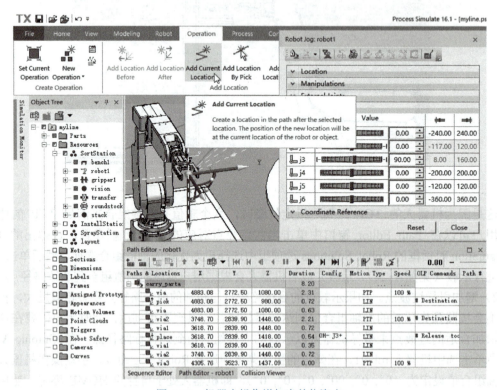

图 4-25　机器人操作增加当前位姿点

为方便识读，将 via3 点的名称重命名为 home。类似于 via 点的复制粘贴过程，将该 home

点复制两份到 carry_parta 操作下。home 点在此既可以作为机器人整个工作路径的起始点和结束点，也可以作为夹取点和放置点之间的过渡点。在 Path Editor-robot1 窗口中使用工具栏上的 Move Up 按钮或 Move Down 按钮以调整机器人路径点的顺序，将三个相同的 home 点分别放置在整个工作路径的首尾和第二个 via 点之后（见图 4-26）。

Paths & Locations	X	Y	Z	Duration	Config	Motion Type	Speed	OLP Comm...	Path #
carry_parta				14.63		...	...		
home	4305.76	3523.70	1437.09	1.91		PTP	100 %		
via	4883.08	2772.50	1080.00	2.31		PTP	100 %		
pick	4883.08	2772.50	980.00	0.72		LIN		# Destination	
via	4883.08	2772.50	1080.00	0.63		LIN			
home	4305.76	3523.70	1437.09	2.31		PTP	100 %	# Destination	
via2	3748.70	2839.90	1448.00	2.21		PTP	100 %	# Destination	
via1	3618.70	2839.90	1448.00	0.72		LIN			
place	3618.70	2839.90	1418.00	0.54	OH- J3+ J5	LIN		# Release to	
via1	3618.70	2839.90	1448.00	0.35		LIN			
via2	3748.70	2839.90	1448.00	0.72		LIN			
home	4305.76	3523.70	1437.09	2.21		PTP	100 %		

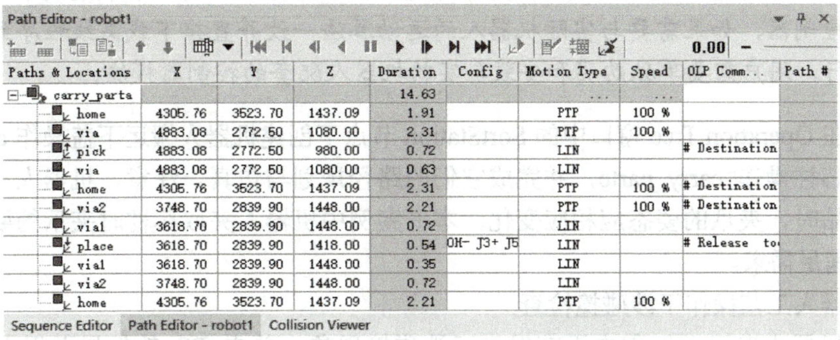

图 4-26 机器人操作 home 点顺序调整

再次单击 Path Editor 窗口工具栏上的 Play Simulation Forward 按钮，开始仿真上盖的传输过程，可以观察到机器人在搬运过程中姿态已基本正常，稍有不足的是机器人在到达最后的 home 点时第四轴和第六轴的值不为零，但机器人 TCP 点的位置和姿态正确，已达到路径点的位姿要求。如果需要机器人在回到 home 点时第四轴和第六轴的值为零，可以单击 Path Editor 窗口中机器人夹爪退出料架区域的 via2 点（在最后的 home 点之前），再选择软件主界面 Operation→Add Location After 命令增加一个过渡点 via3，用以对机器人的第四轴单独回零（见图 4-27）。

Paths & Locations	X	Y	Z	Duration	Config	Motion Type	Speed	OLP Commands	Path
via1	3618.70	2839.90	1448.00	0.35		LIN			
via2	3748.70	2839.90	1448.00	0.72		LIN			
via3	3772.01	2765.41	1376.89	0.00		PTP	100 %		
home	4305.76	3523.70	1437.09	2.21		PTP	100 %		

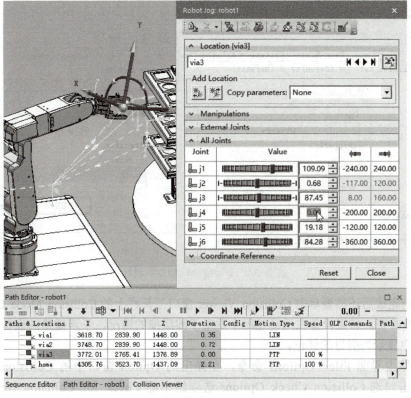

图 4-27 机器人第四轴单独回零

增加过渡点 via3 后再次对整个工作路径进行仿真验证，此时机器人在到达工作路径最终的 home 点时可以完全回到工作路径的起始 home 点姿态。

小贴士：机器人运动的本质是以指定的运动类型将机器人 TCP 点的位姿与工作路径点的位姿相重合，机器人的六个旋转轴如何协同运转是由控制器算法决定。本书案例中使用的控制器是软件默认控制器，如果需要与实际机器人的运动算法一致并直接下载离线程序到实际机器人控制器中运行，用户需要单独购买和安装与实物机器人配套的控制器模块。

同理，在 Operation Tree 窗口中的 SortStation 节点下创建机器人搬运下盖操作 carry_partb 和机器人搬运芯柱操作 carry_partc，并完成它们的路径规划与仿真。注意，机器人在抓取不同形状尺寸的物品时，夹爪的姿态应相应变化，本书案例中机器人夹取芯柱时夹爪的姿态应设置为 CLOSE2 以满足需求。

（5）机器人工艺操作干涉碰撞检查

为确保机器人在运动过程中没有发生干涉碰撞现象，单击 PS 软件界面下方的 Collision Viewer 选项卡激活 Collision Viewer 窗口，PS 软件可以在其中设定干涉碰撞检测规则后自动对设定的对象进行干涉碰撞检测。在 Collision Viewer 窗口工具栏上单击 New Collision Set 按钮后弹出 Collision Set Editor 对话框，单击该对话框左侧 Check 对象列表中的空白条目，拾取夹爪 gripper1 作为输入；单击该对话框右侧 With 对象列表中的空白条目，分别拾取传送带 transfer、视觉识别系统 vision 及料架 stack 作为输入。最后单击该对话框的 OK 按钮完成规则设定（见图 4-28）。该规则将会检测机器人的夹爪与传送带、视觉识别系统及料架之间是否会发生干涉碰撞。

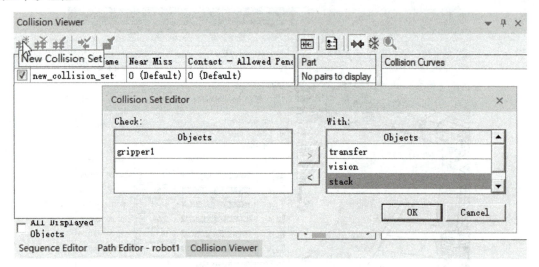

图 4-28 干涉碰撞检测规则设定

设定规则完成后还需要单击 Collision Viewer 窗口工具栏上的 Collision Mode On\Off 按钮 使能干涉碰撞检查。如果设备在运动过程中发生干涉碰撞的情况，干涉碰撞的设备会在 Graphic Viewer 窗口中显示为醒目的红色。

选择软件主界面 File→Options 命令，在弹出的 Option 窗口中 Collision 条目下，用户还可以单击勾选 Collision Check Options 选项组中的 Check for Collision Near-Miss 复选

框以启用危险靠近检测（见图 4-29），当被检测干涉碰撞对象之间的距离小于设定值时，Graphic Viewer 窗口中相关对象会被显示为醒目的黄色。Collision Options 选项组中还可以设定当干涉碰撞发生时播放声音以及仿真是否暂停。如果机器人在仿真运动过程中被检测到有干涉碰撞或危险靠近的情况，可以再次对机器人的工作路径进行修改优化，直到完全符合生产工艺要求为止。

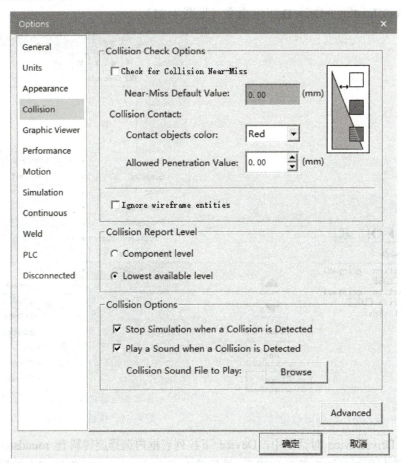

图 4-29　启用危险靠近检测

4. 机器人 OLP 命令运用

码 4-6　机器人 OLP 指令运用

Path Editor-robot1 窗口中的机器人操作下只包含若干运动路径点，这些运动路径点由机器人的运动命令来使用。在 Path Editor-robot1 窗口中单击 carry_parta 操作下 pick 点的 OLP Commands 参数栏，在弹出的 default-pick 对话框的 OLP Commands 文本框中可以看到机器人运动到该点后需要执行的 OLP 命令，正是这些 OLP 命令使得机器人能够驱动夹爪以夹取物料（见图 4-30）。其中 # Destination gripper1 语句是指定所要执行的目标为夹爪 gripper1；# Drive CLOSE 语句是将指定的目标驱动至 CLOSE 姿态；# WaitDevice CLOSE 语句是等待执行目标到达 CLOSE 姿态；# Grip toolref 语句是将夹爪所触碰的对象与夹爪上的工具坐标点相绑定以便夹取的目标与夹爪一起运动。在机器人抓放操作中，pick 点和 place 点所使用的 OLP 命令是在创建机器人抓放操作时软件根据操作设定自动生成。

（1）OLP 命令实现设备驱动

实际上用户也可以自行为机器人某个工作路径点来添加 OLP 命令以完成各种功能，例如分拣机器人在放置物料前可以利用 OLP 命令使旋转料仓旋转到 SORT 姿态。在 Path Editor 窗口中单击 carry_parta 操作下第二个 home 点的 OLP Commands 参数栏，弹出 default-home 对话框用以设定该 home 点的 OLP 命令。单击 default-home 对话框中的 Add 按钮，选择 Standard Commands→ToolHanding→DriveDevice 命令（见图 4-31）。

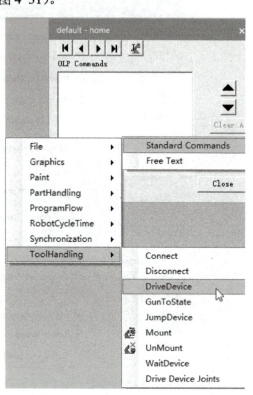

图 4-30 机器人路径点 OLP 命令对话框　　　　图 4-31 机器人路径点添加 OLP 命令

在弹出的 DriveDevice 对话框中，Device 下拉列表框内选择旋转料仓 roundstock,Target Pose 下拉列表框内选择所要到达的姿态 SORT，然后单击 DriveDevice 对话框的 OK 按钮完成 OLP 命令的设定（见图 4-32）。这样当分拣机器人到达第二个 home 点时会驱动旋转料仓转动到指定的 SORT 姿态。最后单击 default-home 对话框的 Close 按钮结束第二个 home 点的 OLP 命令设定。

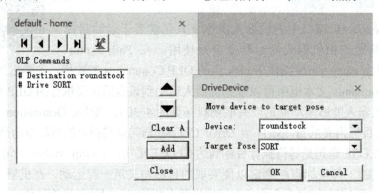

图 4-32 OLP 命令 DriveDevice 设定

同理，为第二个 home 点之后的 via2 点设定 OLP 命令 WaitDevice，用以等待旋转料仓到达 SORT 姿态。在 Path Editor 窗口中单击 carry_parta 操作下第二个 home 点之后的 via2 点的 OLP Commands 参数栏，在弹出的 default-via2 对话框中单击 Add 按钮，再选择 Standard Commands→ToolHanding→WaitDevice 命令。弹出 WaitDevice 对话框后，在其 Device 下拉列表框内选择所要等待的对象 roundstock，Target Pose 下拉列表框内选择所要等待对象到达的姿态 SORT，然后单击 WaitDevice 对话框的 OK 按钮完成 OLP 命令添加（见图 4-33）。这样当分拣机器人在第二个 home 点驱动旋转料仓运动后到达 via2 点，然后在 via2 点等待旋转料仓到达指定的 SORT 姿态之后再继续运行后续路径点。最后单击 default-via2 对话框的 Close 按钮结束 via2 点的 OLP 命令设定。再次单击 Path Editor 窗口工具栏上的 Play Simulation Forward 按钮▶，仿真 carry_parta 操作，可以观察到旋转料仓在机器人放置上盖前会自动运动到 SORT 工位，无须事先单独运行 goto_sort 操作。

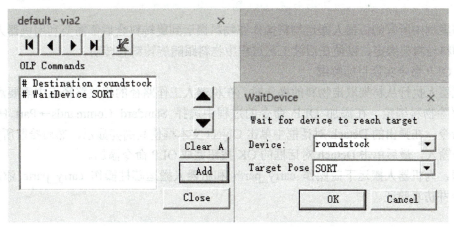

图 4-33　OLP 命令 WaitDevice 设定

小贴士：PS 软件中控制旋转料仓到达指定工位的方法有两种，一种是为旋转料仓建立设备操作使之到达指定工位，还有一种方法是利用机器人的 OLP 命令来驱动旋转料仓到达指定工位。两种方法的区别在于一种是利用总控 PLC 信号启动设备操作，另一种则是利用机器人信号驱动设备动作。

（2）OLP 命令实现目标绑定

根据生产线工艺流程规划，旋转料仓会在不同工位之间流转，当机器人将物料放置到料架上后，需要利用 OLP 命令将物料与料架绑定。在 Path Editor 窗口中单击 carry_parta 操作下 place 点的 OLP Commands 参数栏，弹出 default-place 对话框后单击 Add 按钮，选择 Standard Commands→Part Handing→Attach 命令，在弹出的 Attach 对话框中，单击 Attach Object 文本框使其高亮显示，拾取所要放置的上盖 parta 作为输入；单击 To Object 文本框使其高亮显示，拾取所要绑定的对象料架 stack 作为输入。设定完毕后单击 Attach 对话框的 OK 按钮完成 OLP 命令添加，可以在 default-place 对话框中看到 OLP Commands 文本框内的末尾增加了一条 # Attach parta stack 语句（见图 4-34）。最后单击 default-place 对话框的 Close 按钮结束 place 点的 OLP 命令设定。

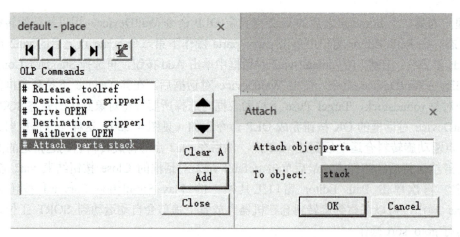

图 4-34　OLP 窗口添加 Attach 命令

本书案例中所有的机器人搬运物料操作在物料搬运到旋转料仓后都需要利用机器人的 OLP 命令将物料与料架绑定，以便在后续工艺过程中物料跟随旋转料仓转动。

(3) OLP 命令实现目标解绑

当机器人执行从料架取走物料的操作时，在机器人工作路径的相关路径点中需要添加 OLP 命令以解除物料绑定。在添加 OLP 命令的过程中选择 Standard Commands→Part Handing→Detach 命令，在弹出的 Detach 对话框中单击 Object 文本框使其高亮显示，然后拾取所要解绑的物料作为输入，最后单击 Detach 对话框的 OK 按钮完成 OLP 命令添加。

同理，为机器人搬运下盖操作 carry_partb 和机器人搬运芯柱操作 carry_partc 添加合适的 OLP 命令并仿真验证。

任务 4.2　机器人快换工具规划仿真

很多工业现场需要通过工具、设备的频繁转换来实现柔性制造。工业机器人可以装备工具自动变换装置 ATC，通过它动态切换末端执行器以完成不同的工作任务。ATC 一般依靠压缩空气来驱动连接板快速连接和分离，使得机器人有能力交换不同功能的末端执行器以实现不同的功能。在本书案例中，装配工作站的机器人既要进行搬运操作又要进行涂胶操作，需要在夹爪和胶枪之间自动切换；喷涂工作站的机器人既要进行搬运操作又要进行喷涂操作，需要在夹爪和喷枪之间自动切换。在 PS 软件中可以使用机器人 OLP 命令来实现工具的动态安装与卸载。

4.2.1　机器人安装快换工具操作规划仿真

1. 机器人安装快换工具参考 Frame 创建

在创建机器人安装快换工具操作前，首先需要确定机器人的 TCP 点在何处、以何姿态，能够确保机器人正确安装快换工具，并使用参考 Frame 进行表达。

快换接头 connect2 与机器人 robot2 的法兰盘相绑定，当机器人 robot2 的默认 TCP 点与安装快换夹爪 gripper2 的 Base Frame 相重合时，快换接头 connect2 与快换夹爪 gripper2 完全契合，因此快换夹爪 gripper2 的 Base Frame 可以代表安装快换工具参考 Frame 的位姿。单击选中 Object Tree 窗口中的 Frames 节点，然后单击选择软件主界面 Modeling→Create Frame 命令组中的任意命令自由创建一个 Frame，并将其重命名为 mount_gripper2，然后使用重定位命令将其位置和姿态调整到与枪架 gunrack2 上的快换夹爪 gripper2 的 Base Frame 相同（见图 4-35）。

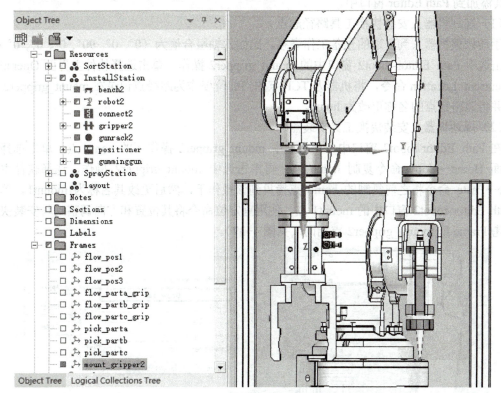

图 4-35　安装快换工具参考 Frame

2. 机器人安装快换工具操作创建

在 Operation Tree 窗口中单击选中 Install Station 节点，再单击选择软件主界面 Operation→New Operation 命令组→New Generic Robotic Operation 命令以新建机器人通用操作。在弹出的 New Generic Robotic Operation 对话框中，在 Name 文本框内输入操作名 mount_gripper2，在 Robot 下拉列表框内选择 robot2，Tool 下拉列表框保持空白需指定工具（见图 4-36），然后单击该对话框的 OK 按钮即可在 Operation Tree 窗口的 InstallStation 节点下生成 mount_gripper2 操作节点。

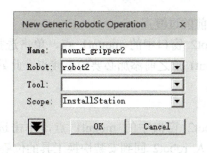

图 4-36　机器人通用操作设定

3. 机器人安装快换工具路径规划仿真

单击选中 Operation Tree 窗口中的 mount_gripper2 操作节点，再单击 Path Editor-robot2 窗口工具栏上的 Add Operations to Editor 按钮将其添加到 Path Editor 窗口中。

码 4-7 机器人安装快换工具路径规划仿真

（1）规划机器人安装快换工具路径起点

手动调整机器人到合适的预备工作姿态，比如六轴组合值为（0°，0°，90°，0°，0°，0°），然后单击选中 Path Editor-robot2 窗口中的 mount_gripper2 操作，单击选择软件主界面 Operation→Add current Location 命令，将机器人 TCP 点的当前位姿作为路径点记录在 mount_gripper2 操作下，并将该路径点的名称更改为 home。

（2）规划机器人安装快换工具安装点

在 Path Editor-robot2 窗口中，单击选中 mount_gripper2 操作下的 home 点，单击选择软件主界面 Home→Copy 命令复制 home 点；再单击选中 mount_gripper2 操作，选择软件主界面 Home→Paste 命令将之前复制的 home 点拷贝到该操作下，然后更改其名称为 mount1。单击选中 Path Editor-robot2 窗口中的 mount1 点，使用重定位命令将其位置和方向调整到与安装快换工具参考 Frame 即 mount_gripper2 点相同（见图 4-37）。

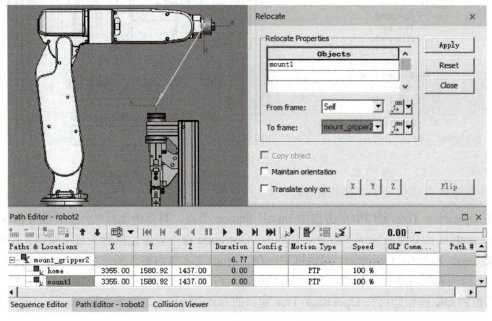

图 4-37 规划安装快换工具安装点

（3）增加机器人安装工具前的过渡点

单击选中 Path Editor-robot2 窗口中的 mount1 点，单击选择软件主界面 Operation→Add Location Before 命令，在 mount1 点之前添加必要的过渡点，此处至少需要一个位于 mount1 点正上方的过渡点（见图 4-38）。

（4）手动安装快换工具

单击选中 Path Editor-robot2 窗口中的 mount1 点，单击选择软件主界面 Robot→Jump Assigned Robot 命令，使机器人 robot2 回到安装快换工具的位姿，然后为机器人手动安装快换工具 gripper2（见图 4-39）。

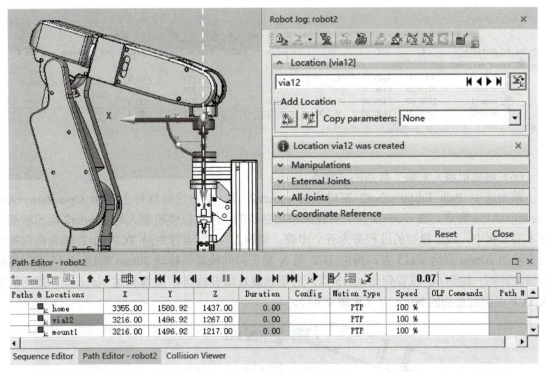

图 4-38 安装快换夹爪前的过渡点

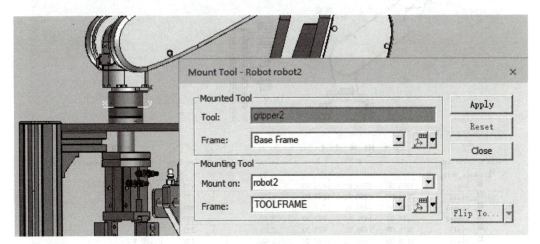

图 4-39 手动安装快换工具

（5）记录机器人安装快换工具后的 TCP 点位姿

手动安装快换工具后，机器人 TCP 点会转移到快换夹爪 gripper2 所设定的 TCP Frame 处。单击选中 Path Editor-robot2 窗口中的 mount_gripper2 操作，单击选择软件主界面 Operation→Add current Location 命令，将机器人 TCP 点的当前位姿作为路径点记录在 mount_gripper2 操作下，并将该路径点的名称更改为 mount2。mount2 点记录了机器人安装快换工具后 TCP 点的位姿。对比 mount1 点和 mount2 点，尽管机器人六个轴的角度值没有任何变化，但由于安装工具的原因，机器人 TCP 点的位姿发生了变化，mount1 点和 mount2 点的坐标值差异反映了这个变化（见图 4-40）。

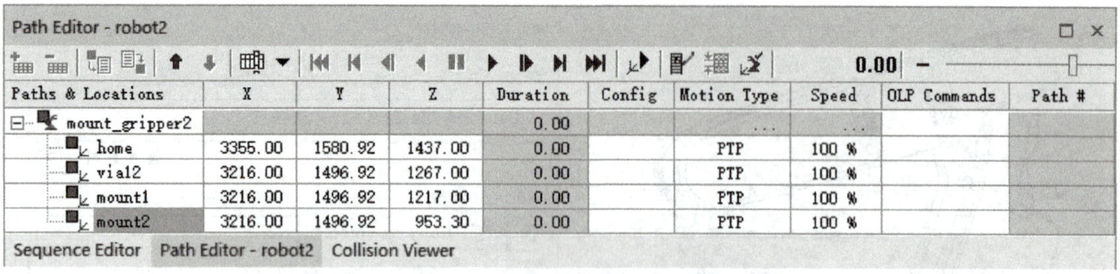

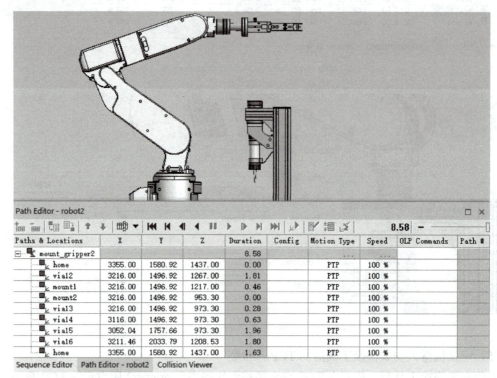

图4-40　安装快换工具前后TCP点的变化

（6）增加机器人安装工具后的过渡点。

单击选中 Path Editor-robot2 窗口中的 mount2 点，单击选择软件主界面 Operation→Add Location After 命令，在 mount2 点之后连续添加必要的过渡点以便机器人将 gripper2 取出枪架。在本书案例中，取出枪架的过程分为五个步骤：机器人 TCP 点首先沿 TCP 的 Z 轴负向向枪架上方移动 20mm 到达 via13 点，再沿 TCP 的 X 轴正向向枪架外移动 80mm 到达 via14 点，然后单独旋转第一轴到 60°位置到达 via15 点，再单独旋转第五轴到 0°位置到达 via16 点，最后机器人 TCP 点回到最初的 home 点（见图4-41）。

图4-41　安装快换工具路径规划

（7）设置 OLP 命令安装夹爪

单击 Path Editor-robot2 窗口中的 mount1 点的 OLP Commands 参数栏，弹出 default-mount1 对话框用以设定该 mount1 点的 OLP 命令。单击 default-mount1 对话框中的 Add 按钮，选择 Standard Commands→Tool Handing→Mount 命令，在弹出的 Mount 对话框中，Tool 下拉列表框内选择快换夹爪 gripper2，New TCPF 下拉列表框内选择快换夹爪 gripper2 内所包含的 TCP 参考点 toolref，然后单击 Mount 对话框的 OK 按钮完成 OLP 命令的添加（见图4-42）。

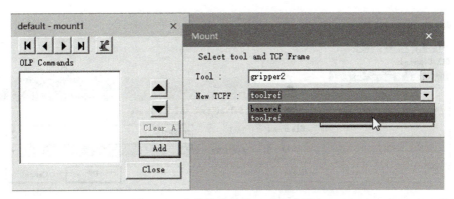

图 4-42　安装快换工具 OLP 命令设定

（8）设置路径点运动类型

考虑到机器人快换接头的装配和快换夹爪离开枪架需要直线运动以避免干涉碰撞，因此将相关路径点的运动类型由默认的点到点运动类型 PTP 更改为直线运动类型 LIN（见图 4-43）。最后进行机器人安装快换工具的整个工作路径的仿真验证。

Paths & Locations	X	Y	Z	Duration	Config	Motion Type	Speed	OLP Commands
mount_gripper2				8.58		...	...	
home	3355.00	1580.92	1437.00	0.00		PTP	100 %	
via12	3216.00	1496.92	1267.00	1.81		PTP	100 %	
mount1	3216.00	1496.92	1217.00	0.46		LIN		# Mount gripper2 toolref
mount2	3216.00	1496.92	953.30	0.00		PTP	100 %	
via13	3216.00	1496.92	973.30	0.28		LIN		
via14	3116.00	1496.92	973.30	0.63		LIN		
via15	3052.04	1757.66	973.30	1.96		PTP	100 %	
via16	3211.46	2033.79	1208.53	1.80		PTP	100 %	
home	3355.00	1580.92	1437.00	1.63		PTP	100 %	

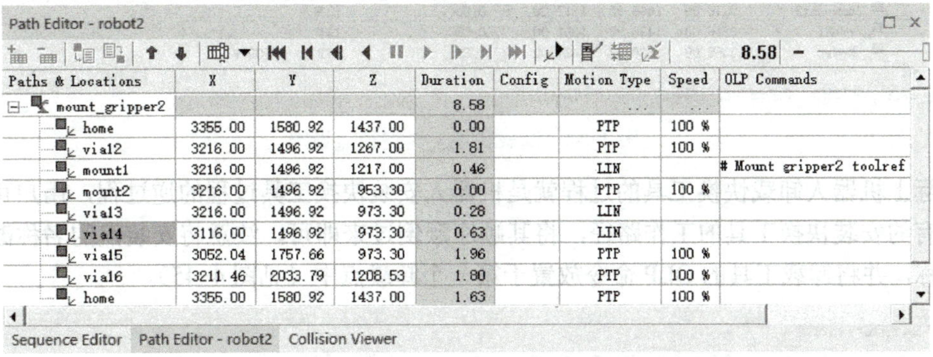

图 4-43　安装快换工具路径点运动类型设定

（9）机器人安装快换夹爪工艺路径仿真验证

在仿真验证机器人 mount_gripper2 操作的过程中，当该操作结束或暂停时，单击 Path Editor-robot2 窗口工具栏上的 Jump Simulation to Start 按钮⏮，可以方便迅速地恢复机器人及快换工具到初始位姿。

4.2.2　机器人卸载快换工具操作规划仿真

码 4-8　机器人卸载快换工具路径规划仿真

机器人卸载快换工具的方法与安装快换工具相同，重点是在路径规划中确认好机器人卸载快换工具时 TCP 点的位姿。

路径规划时，首先在机器人安装有快换夹爪的情况下，通过过渡点到达卸载快换工具点；然后手动卸载快换工具，并在机器人没有轴运动的情况下新增下一个路径点以记录机器人卸载快换工具后 TCP 点新的位姿；随后在没有安装快换夹爪的情况下通过过渡点到达机器人卸载夹爪之后的最终位姿，最终完成机器人卸载快换工具的整个工作路径规划。

机器人卸载快换工具的 OLP 命令应该在机器人到达卸载快换工具的路径点时执行。添加卸载工具命令时，指定新的 TCP 点为该快换工具内所包含的安装参考点 baseref（见图 4-44）。

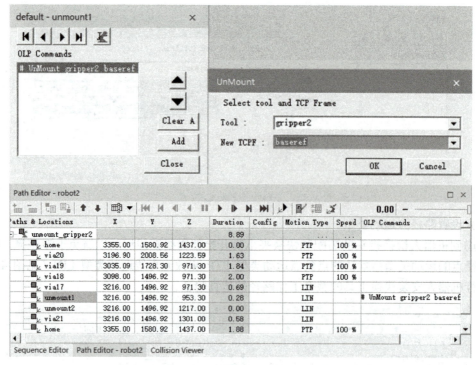

图 4-44 卸载快换工具路径点设定

实际上机器人卸载快换工具的过程就是机器人安装快换工具过程的逆过程,用户可以直接利用已有的安装快换工具的工作路径,将其顺序颠倒过来即可,注意将安装点的名称改为卸载点的名称,并将卸载工具的 OLP 命令放置于第一个卸载点中(见图 4-45)。

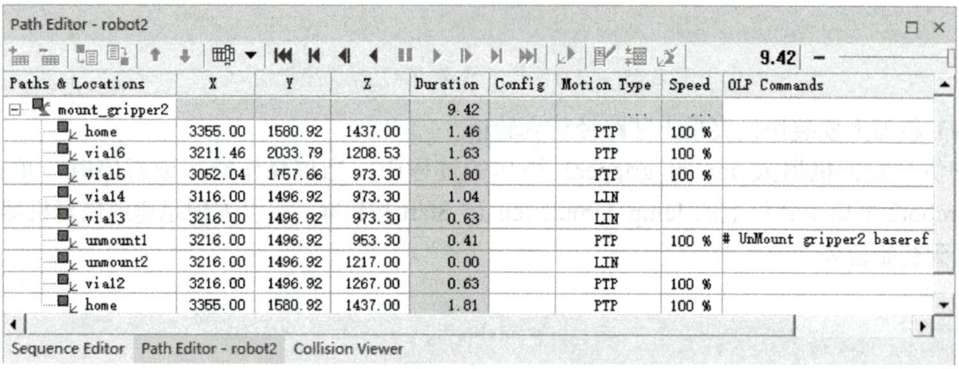

图 4-45 机器人安装快换工具路径倒置

任务 4.3 机器人涂胶规划仿真

4.3.1 机器人涂胶操作基本规划

本书案例中,装配工作站机器人需要对下盖零件 partb 进行涂胶操作。对于搬运、点焊等操作而言，工业机器人的工作路径是由离散的空间位姿点组成，但在某些工业生产场合，工业机器人的工作路径需要由连续的空间曲线所构成，例如弧焊、涂胶等操作。对于机器人连续空间轨迹操作的规划，PS 软件提供了连续制造特征操作创建向导以方便用户使用。

1. 使用向导命令创建连续制造特征操作

单击选择软件主界面 Process→Continuous Process Generator 命令，在弹出的 Continuous Process Generator 对话框中对机器人涂胶操作进行设定。

码 4-9 使用向导命令创建连续制造特征操作

（1）机器人涂胶路径创建设定

在 Process 下拉列表框中选择 Arc 指定操作模式，然后单击展开 Face Sets 选项组。单击 Base set 文本框使其背景变为绿色后，再到 Graphic Viewer 窗口中单击下盖零件 partb 的内侧圆柱面以输入到 Base set 文本框；单击 Side set 文本框使其背景变为绿色后，再到 Graphic Viewer 窗口中依次单击下盖零件 partb 上端的四段表面以输入到 Side set 文本框，此时所设置的 Base 平面与 Side 平面相交的曲线，即下盖零件的开口边沿处会出现带箭头的指示线，它指示了后续生成涂胶路径的位置和方向（见图 4-46）。

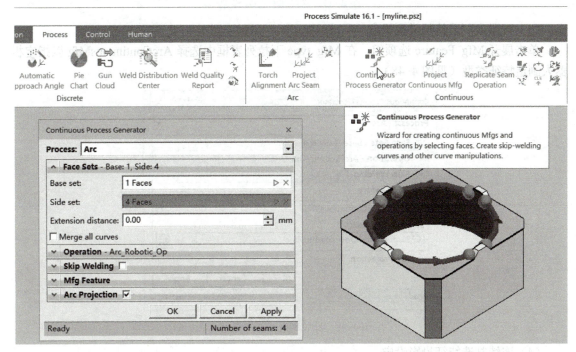

图 4-46 涂胶路径创建设定

（2）机器人涂胶操作创建设定

单击展开 Operation 选项组，在 Operation name 文本框内输入机器人涂胶操作的名称 gum_Robotic_Op；在 Robot 下拉列表框中选择机器人 robot2；单击 Tool 文本框使其背景变为绿色后，再到 Graphic Viewer 窗口中单击机器人快换胶枪工具 gumminggun 作为输入；单击 Scope 列表框使其背景变为绿色后，再到 Operation Tree 窗口中单击复合操作 InstallStation 作为输入（见图 4-47）。

图 4-47　涂胶操作创建设定

（3）机器人制造特征类型设定

单击展开 Mfg Feature 选项组，在 Mfg type 下拉列表框中选择 ArcContinuousMfg 以指定机器人制造特征类型（见图 4-48）。

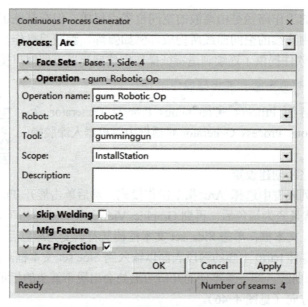

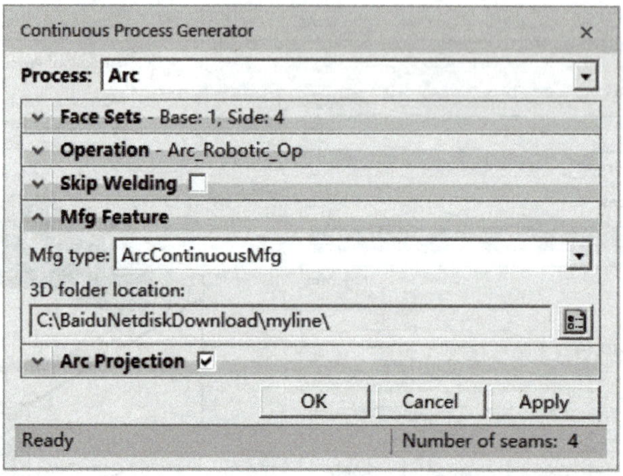

图 4-48　涂胶制造特征类型设定

（4）连续制造特征投影设定

单击勾选 Arc Projection 复选框以激活 Locations Distribution 选项组，然后单击展开 Locations Distribution 选项组。PS 软件采用直线段或圆弧段近似空间曲线的方式，由连续制造特征曲线投影生成机器人的工作路径点，这样机器人可以通过若干个直线运动或圆弧运动来完成连续制造特征操作。Locations Distribution 选项组的 Maximal segment length 微调文本框规定了这些投影直线段的最大长度值，Maximal tolerance 微调文本框则限定了这些直线段与原始曲线的最大允许误差值，单位均为 mm。在本书案例中，Maximal segment length 和 Maximal tolerance 微调文本框分别输入 10.00 和 1.00，完成所有设定后即可单击 Continuous Process Generator 对话框的 OK 按钮生成机器人涂胶操作（见图 4-49）。

项目4　智能生产线典型生产工艺规划仿真

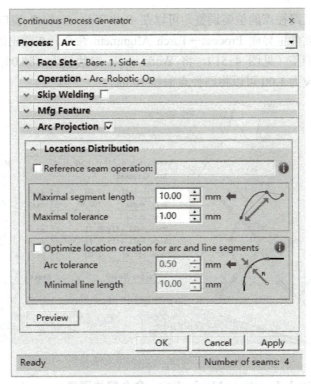

图4-49　连续制造特征投影设定

机器人涂胶操作生成后,可以在 Graphic Viewer 窗口中观察到下盖零件 partb 的上表面内侧圆弧边缘上分布了四段机器人涂胶路径点(见图4-50)。

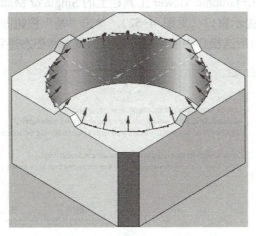

图4-50　机器人涂胶路径点

码4-10　连续制造特征路径点基本调整

2. 连续制造特征路径点基本调整

(1) Torch Alignment 命令逐一调整

单击选中 Operation Tree 窗口中 Install Station 节点下的 gum_Robotic_Op 操作节点,再单击 Path Editor-robot2 窗口工具栏上的 Add Operations to Editor 按钮将其添加到 Path Editor-robot2 窗口中。观察 gum_Robotic_Op 操作所包含的路径点,它们的 Z 轴方向需要反向以便机器人能夹持胶枪到达,并且需要沿着 Z 轴方向远离下盖边沿一段距离,以保证胶枪能够顺利出胶涂抹。对于连续制造特征路径点的位姿调整,可以在 Path Editor-robot2 窗口中单击选中所需调整的路径点后,再选择软件主界面 Process→Torch Alignment 命令,在弹出的 Torch Alignment 对话框中对其位姿进行调整(见图 4-51),将 Work angle 参数设为 180.00,即可将 Z 轴方向反向,Seam offset 参数设为 1.00 可以将路径点偏移 1mm。

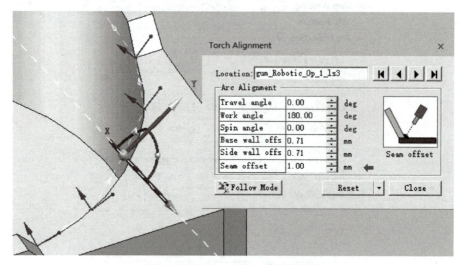

图 4-51　Torch Alignment 命令调整

(2) Single or Multiple Locations Manipulation 命令整体调整

如果需要对整个工作轨迹的所有路径点统一调整位姿,可以使用 Single or Multiple Locations Manipulation 命令进行整体更改。在 Path Editor-robot2 窗口中单击选中整个涂胶操作 gum_Robotic_Op,然后单击 Graphic Viewer 工具栏上的 Single or Multiple Locations Manipulation 按钮,此时 PS 会弹出提示窗口(见图 4-52),单击"是"按钮即可打开 Multiple Locations Manipulation 对话框,可对所选操作中的所有路径点的位置和姿态进行统一调整。

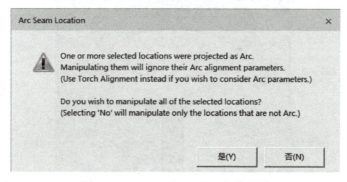

图 4-52　Arc Seam Location 调整提示

小贴士:Multiple Locations Manipulation 命令常用于单个或多个路径点的调整,尤其对于需要多个路径点同时调整位姿时使用比较方便;当需要保持连续制造特征的曲线参数时,则优先使用 Torch Alignment 命令,Torch Alignment 命令一次只能调整一个路径点。

在 Multiple Locations Manipulation 对话框中,单击 Translate 选项组上方的 Fliplocation 按钮,即可将所有路径点的 Z 轴反向;在 Translate 选项组中单击 Z 按钮,然后在其右侧的微调按钮调节为-1，并回车，所有路径点将沿着 Z 轴自身的负方向平移 1mm。设定完毕后即可单击对话框右下角的 Close 按钮关闭对话框（见图 4-53）。

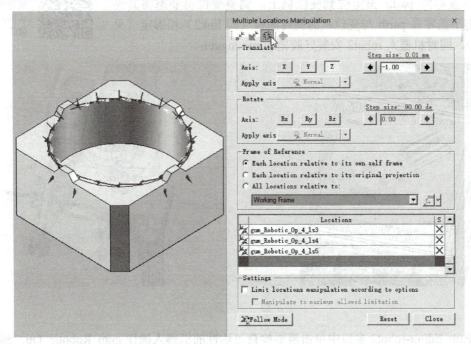

图 4-53　多路径点位姿统一调整

（3）路径段顺序调整

在 Graphic Viewer 窗口中观察涂胶操作的路径方向，在 Path Editor-robot2 窗口中调整涂胶操作的四段路径顺序，以保持机器人涂胶操作沿着同一个方向进行（见图 4-54）。

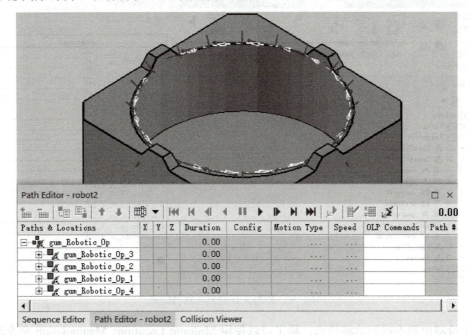

图 4-54　多段路径顺序调整

3. 连续制造特征操作机器人可达性验证

将下盖零件 partb 重定位到变位机上，调整变位机姿态将其夹紧，并将下盖零件 partb 与变位机的旋转面板（即 link2）相绑定（见图 4-55），同时机器人 robot2 安装好胶枪 gumminggun。

码 4-11 连续制造特征操作机器人可达性验证

图 4-55 下盖涂胶定位

在 Path Editor-robot2 窗口中单击需要检查可达性的机器人操作 gum_Robotic_Op，然后选择软件主界面 Robot→Reach Test 命令，在弹出来的 Reach Test:robot2 对话框中可以看到每个路径点的可达状态（见图 4-56）。

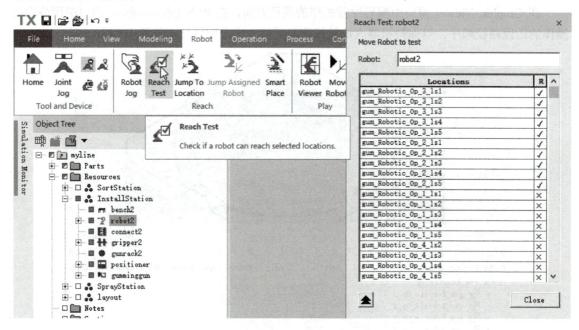

图 4-56 机器人路径点可达性检测

对于检测出的不可到达路径点，除了可以使用 Multiple Locations Manipulation 命令或 Torch Alignment 进行调整外，还可以改变变位机的位置和姿态以满足机器人的可达性要求。每次调整路径点或变位机的位姿后都需要再次使用 Reach Test 命令重新验证机器人的可达性,直到机器人所有的路径点都可以满足可达性要求。

机器人路径点的位姿调整需要综合考虑多种因素,最终的调整位姿不是唯一的。在本书案例中,调整变位机的位置沿着 Working Frame 的 X 轴负方向和 Y 轴正方向分别平移 100mm 和 50mm,可以令机器人的到达姿态更"舒适",可达性更高,并且避免了机器人本体与枪架之间的干涉。在变位机旋转面板为 0°(即 HOMEJ 姿态)的情况下,机器人的四段涂胶路径中只有 gum_Robotic_Op_3 和 gum_Robotic_Op_2 这两条操作路径的可达性满足要求,可以令变位机旋转面板为-45°(即 N45 姿态)以满足剩下的 gum_Robotic_Op_1 和 gum_Robotic_Op_4 这两条操作路径的可达性要求。

4.3.2 机器人涂胶操作仿真优化

1. 机器人外部轴应用

为了使机器人能够在执行操作的过程中适时改变变位机的姿态,可以将变位机的旋转轴作为机器人的外部轴使用,由机器人控制变位机旋转面板的角度。

码 4-12 机器人外部轴应用

(1)机器人设置外部轴

在 Graphic Viewer 窗口中单击 robot2,在弹出的快捷菜单中单击 Robot Properties 按钮以打开机器人属性对话框(见图 4-57)。

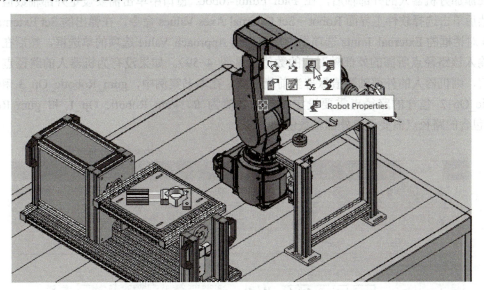

图 4-57 打开机器人属性对话框

在 Robot Properties:robot2 对话框中的 External Axes 选项卡中单击 Add 按钮,在弹出的 Add External Axis 对话框中,Device 下拉列表框内选择变位机 positioner,Joint 下拉列表框内选择变位机旋转轴 j1,然后单击 OK 按钮将变位机 positioner 的 j1 轴添加为机器人的外部轴(见图 4-58),最后单击 Robot Properties:robot2 对话框的 Close 按钮结束外部轴设定。

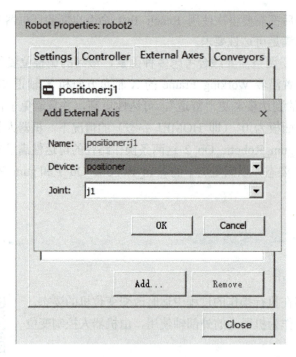

图 4-58 机器人添加外部轴

(2) 路径点设置外部轴值

在添加好机器人的外部轴后,在 Path Editor-robot2 窗口中单击需要设定外部轴数值的路径点,然后单击选择软件主界面 Robot→Set External Axes Values 命令,在弹出的 Set External Axes Values 对话框中 External Joints 选项组中单击勾选 Approach Value 选项的单选框,然后在其文本框中输入该路径点所需的外部轴对应的数值(见图 4-59)。如果没有为机器人的路径点设定外部轴值,则机器人的外部轴数值保持当前值不变。在本书案例中,gum_Robotic_Op_3 和 gum_Robotic_Op_2 包含的路径点需要设定外部轴数值为 0,gum_Robotic_Op_1 和 gum_Robotic_Op_4 包含的路径点需要设定外部轴数值为-45。

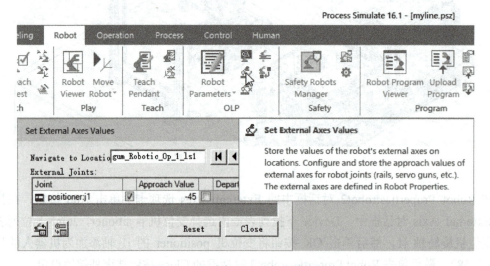

图 4-59 设定机器人路径点外部轴值

为机器人路径点添加合适的外部轴数值后，在 Path Editor-robot2 窗口中单击工具栏上的 Play Simulation Forward 按钮▶，即可开始仿真下盖的涂胶过程，可以观察到在变位机旋转面板的转动下，机器人可以到达所有路径点。

2. 机器人涂胶操作综合优化

（1）涂胶路径点位姿统一

在实际的机器人连续制造特征操作中，由于机器人管线限制或加工工艺要求，机器人在执行连续轨迹的过程中 TCP 点的位姿不允许有较大变化。例如在涂胶过程中，需要机器人在执行 gum_Robotic_Op_3 路径段的过程中 TCP 点的位姿不变，可以首先调整好 gum_Robotic_Op_3 路径段的第一个点 gum_Robotic_Op_3_ls1 的位姿，然后在 Path Editor-robot2 窗口中单击 gum_Robotic_Op_3 路径段，单击选择软件主界面 Operation→Align Locations 命令，在弹出的 Align Locations 对话框中，单击 Align selected locations to 文本框使其背景变为绿色后，在 Path Editor-robot2 窗口中单击 gum_Robotic_Op_3_ls1 点作为输入，最后单击 Align Locations 对话框的 OK 按钮完成路径段中各个路径点的位姿统一（见图 4-60）。此时 gum_Robotic_Op_3 路径段中各个路径点的位姿均与 gum_Robotic_Op_3_ls1 点相同。

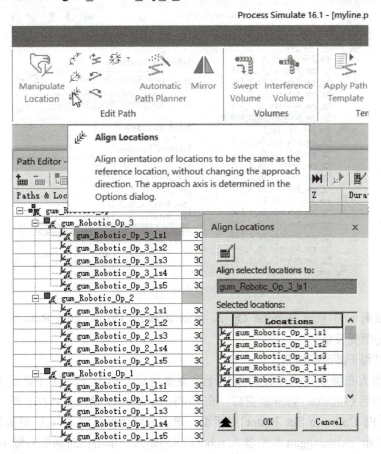

图 4-60 设定路径点位姿统一

（2）路径点位姿渐变

有些情况下，机器人在执行连续轨迹的过程中需要 TCP 点的位姿均匀变化。在本书案例中，机器人涂胶过程需要其 TCP 点的位姿渐变。首先调整好 gum_Robotic_Op_3 路径段的第一个点 gum_Robotic_Op_3_ls1 和最后一个点 gum_Robotic_Op_3_ls5 的位姿，然后在 Path Editor-robot2 窗口中单击 gum_Robotic_Op_3 路径段，单击选择软件主界面 Operation→Interpolate Locations Orientation 命令，在弹出的 Interpolate Locations Orientation 对话框中，Reference Locations 选项组的 From 和 To 文本框默认填充了该路径段的首尾两点，直接单击该对话框的 OK 按钮即可（见图 4-61）。此时 gum_Robotic_Op_3 路径段中各个路径点的位姿按照排列顺序从 gum_Robotic_Op_3_ls1 点的位姿均匀过渡到 gum_Robotic_Op_3_ls5 点的位姿。

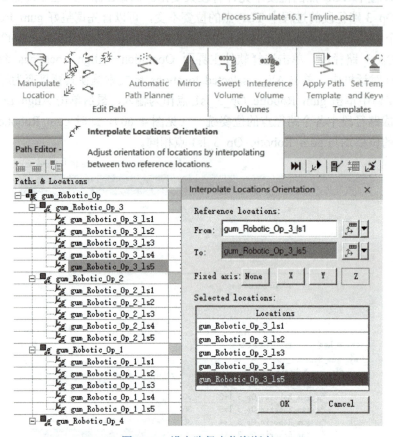

图 4-61　设定路径点位姿渐变

同理，完成剩下的 gum_Robotic_Op_2、gum_Robotic_Op_1、gum_Robotic_Op_4 三个路径段的路径点位姿渐变设定。

（3）涂胶过程干涉碰撞检查

为确保机器人在涂胶过程中没有发生干涉碰撞现象，单击 PS 软件界面下方的 Collision Viewer 选项卡激活 Collision Viewer 窗口。在 Collision Viewer 窗口工具栏上单击 New Collision Set 按钮后，弹出 Collision Set Editor 对话框，单击该对话框左侧 Check 对象列表中的空白条目，分别拾取胶枪 gumminggun 和机器人 robot2 作为输入；单击该对话框右侧 With 对象列表中的空白条目，分别拾取枪架 gunrack2、下盖 partb 及变位机 positioner 作为输入（见图 4-62）。最后单击该对话框的 OK 按钮完成规则设定，用以检测机器人本体和胶枪与变位机、下盖及枪架之间是否会发生干涉碰撞。

项目 4　智能生产线典型生产工艺规划仿真

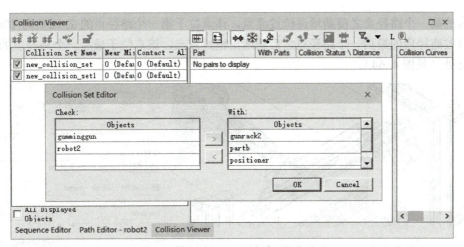

图 4-62　设定涂胶操作碰撞检测规则

设定好干涉碰撞规则后，单击 Collision Viewer 窗口工具栏上的 Collision Mode On\Off 按钮使能干涉碰撞检查，然后单击 Path Editor-robot2 窗口工具栏上的 Play Simulation Forward 按钮，再次仿真下盖的涂胶过程，此时可以发现胶枪在前往 gum_Robotic_Op_4 路径段的第一个路径点时与下盖发生碰撞干涉（见图 4-63）。

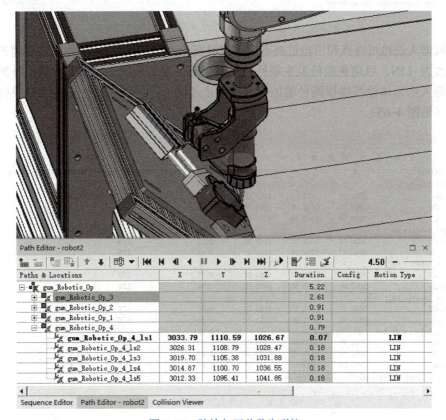

图 4-63　胶枪与下盖发生碰撞

（4）增加进枪和出枪过渡点

为机器人的涂胶操作新增进枪过渡点和出枪过渡点即可解决此类干涉碰撞问题。在每个涂胶路径段的第一个路径点之前新增进枪过渡点，该点位于第一个路径点的 Z 轴负向 10mm 处；在每个涂胶路径段的最后一个路径点之后新增出枪过渡点，该点位于最后一个路径点的 Z 轴负向 10mm 处（见图 4-64）。

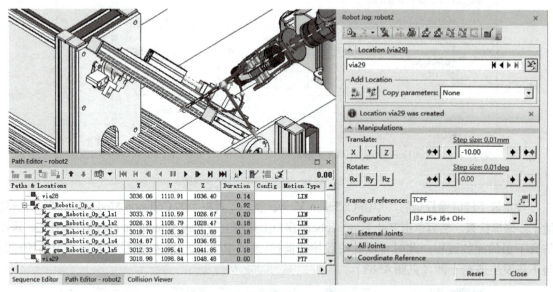

图 4-64 新增进枪和出枪过渡点

新增机器人进枪过渡点和出枪过渡点后，注意在 Path Editor 窗口中将这些新增的路径点运动类型更改为 LIN，以避免胶枪发生额外碰撞或姿态不稳的状况，并设置合理的外部轴数值。最后为机器人的总体涂胶操作路径增加合适的起止过渡点，并仿真确认无误后完成机器人涂胶路径规划（见图 4-65）。

Paths & Locations	X	Y	Z	Duration	Config	Motion Type	Speed	OLP Commands	Path #
gun_Robotic_Op				13.25		...	...		
home	2950.00	889.87	1437.00	2.00		PTP	100 %		
via30	2950.00	1245.92	1080.95	2.00		PTP	100 %		
via22	3018.98	1049.17	1103.82	0.92		LIN			
gun_Robotic_Op_3				0.92		...	...		
via23	3036.06	1032.09	1103.82	0.20		LIN			
via24	3040.87	1032.09	1103.82	0.14		LIN			
gun_Robotic_Op_2				0.92		...	...		
via25	3057.95	1049.17	1103.82	0.20		LIN			
via26	3057.95	1053.98	1103.82	0.14		LIN			
gun_Robotic_Op_1				0.92		...	...		
via27	3040.87	1071.05	1103.82	0.20		LIN			
via28	3036.06	1071.05	1103.82	0.14		LIN			
gun_Robotic_Op_4				0.92		...	...		
via29	3018.98	1053.98	1103.82	0.20		LIN			
via30	2950.00	1245.92	1080.95	1.44		PTP	100 %		
home	2950.00	889.87	1437.00	2.00		PTP	100 %		

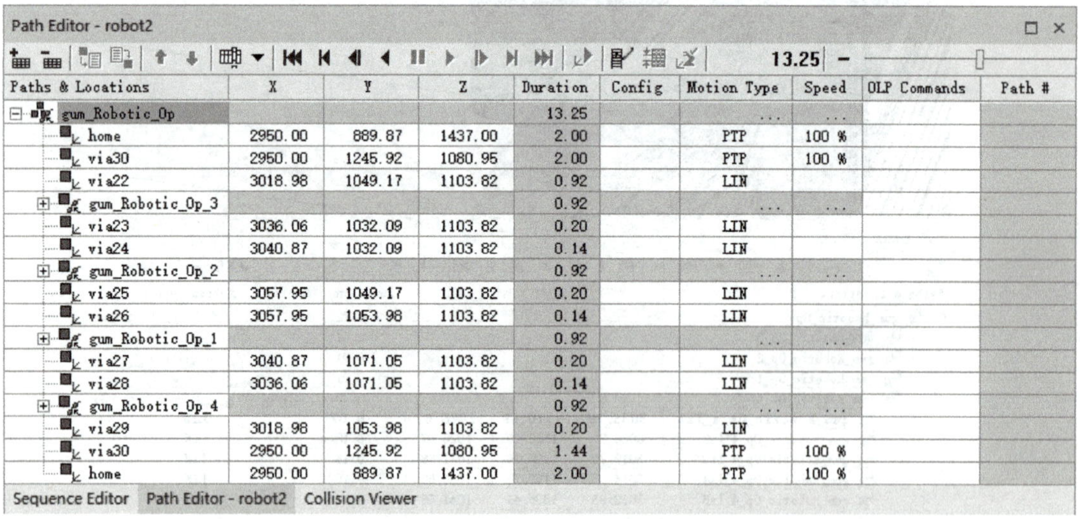

图 4-65 机器人涂胶路径规划

小贴士：在机器人实际涂胶应用中，可能还需要在合适的路径点中加入 OLP 命令以控制胶枪的阀门开关。

任务 4.4 机器人喷涂规划仿真

对于搬运、涂胶等机器人操作而言，机器人喷涂操作除了需要规划仿真机器人工作路径并验证其可达性和干涉性外，还需要仿真衡量喷涂厚度以评价喷涂效果。在实际喷涂前进行机器人喷涂仿真，对涂料均匀覆盖和喷涂轨迹的优化提供了有效的参考。

4.4.1 机器人喷涂操作预设定

1. 通过实验数据在参数文件中设定喷枪参数

涂料的厚度与喷涂过程中的很多因素有关，如喷头的运动速度、喷头的流量以及喷头与零件表面的距离等，PS 软件利用相关实验数据来对喷涂厚度进行评估和显示。在 PS 软件安装目录 eMPower\Pain 下提供了 PaintGraph.csv 和 ThicknessScale.csv 两个参数文件，PaintGraph.csv 文件记录了喷涂速度、距离与喷涂厚度之间的关系数据，以便 PS 软件对喷涂厚度进行评估；ThicknessScale.csv 文件则规定了不同颜色所代表的厚度，PS 软件据此对喷涂厚度进行显示。用户可以将实际喷枪喷涂实验测量而来的数据填写到 PaintGraph.csv 文件，并根据自己的显示需求来修改 ThicknessScale.csv 文件。本书案例直接使用参数文件的原始数据来进行喷涂规划仿真。

2. 喷枪喷射范围描述

（1）创建资源节点

在 Object Tree 窗口中单击喷涂工作站 SprayStation 节点，单击选择软件主界面 Modeling→Create New Resource 命令，在弹出的 New Resource 对话框中的列表内选择 ToolPrototype 类型，然后单击 OK 按钮在 SprayStation 节点下新建资源节点，并将新资源节点重命名为 sprayvolume（见图 4-66）。

> 码 4-14 喷枪喷射范围描述

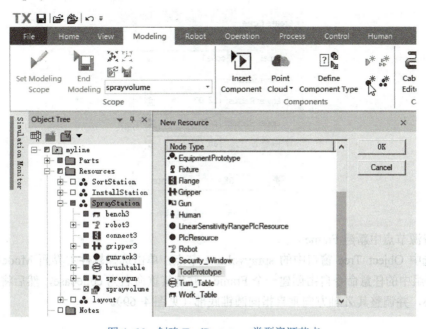

图 4-66　创建 ToolPrototype 类型资源节点

（2）资源节点中新建圆锥体

在 Object Tree 窗口中单击刚刚新建的资源节点 sprayvolume，单击选择软件主界面 Modeling→Solids→Cone Creation→Create a cone 命令（见图 4-67），用来创建圆锥体以表达喷枪的喷射范围。

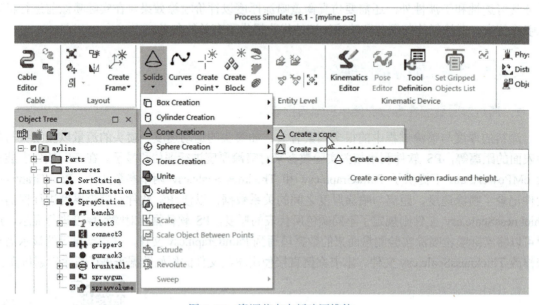

图 4-67　资源节点中新建圆锥体

在弹出的 Create Cone 对话框中，Name 文本框内输入圆锥的名字 cone1；Lower Radius 微调按钮调节为 12，以设定圆锥底部半径为 12mm；Upper Radius 微调按钮调节为 1，以设定圆锥顶部半径为 1mm；Height 微调按钮调节为 60，以设定圆锥高度为 60mm（见图 4-68）。最后，单击该对话框的 OK 按钮，完成资源节点 sprayvolume 下圆锥体的创建。

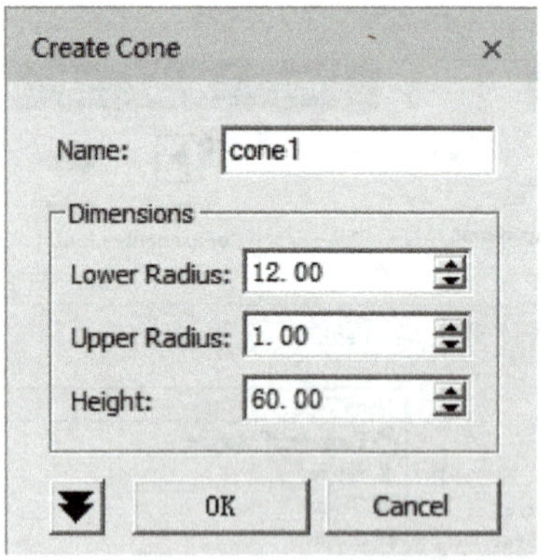

图 4-68　圆锥体参数

（3）资源节点中新建 Frame

单击选中 Object Tree 窗口中的 sprayvolume 节点，单击选择软件主界面 Modeling→Create Frame 命令组中的任意命令自由创建一个 Frame，并将其重命名为 conebase，然后将其定位到圆锥顶端中心，并调整其 Z 轴方向垂直指向圆锥底部（见图 4-69）。

项目 4　智能生产线典型生产工艺规划仿真

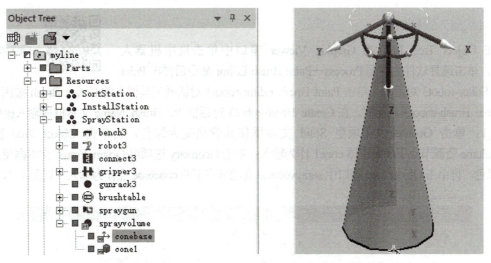

图 4-69　资源节点中新建 Frame

（4）资源节点内对象可视

分别单击选中 Object Tree 窗口中 sprayvolume 节点下的 cone1 节点和 conebase 节点，然后单击选择软件主界面 Modeling→Set Object to be Preserved 命令以使它们保持可显示状态（见图 4-69）。

（5）资源节点保存

最后再次单击选中 Object Tree 窗口中 sprayvolume 节点，单击选择软件主界面 Modeling→End Modeling 命令结束 sprayvolume 资源编辑，在弹出的 Save Component As 对话框中将 sprayvolume 资源对象保存在本工程项目所在的 Client System Root 目录下（见图 4-70）。

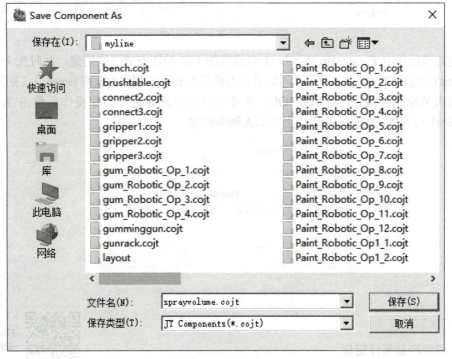

图 4-70　资源节点保存

3. 机器人画刷创建

码 4-15 机器人画刷创建

在 Object Tree 窗口或 Graphic Viewer 窗口中单击选中机器人 robot3，单击选择软件主界面 Process→Paint Brush Editor 命令后弹出 Paint Brush Editor-robot3 对话框。单击 Paint Brush Editor-robot3 对话框工具栏上的 Create Brush 按钮 后弹出 Create Brush-robot3 对话框。在 Create Brush-robot3 对话框中，Brush Name 文本框内输入画刷名称 Brush_1；单击 Geometry 选项组 Solid 文本框使其背景变为绿色，再单击 Object Tree 窗口中 sprayvolume 资源节点下的圆锥体 cone1 作为输入；单击 Geometry 选项组 Origin Frame 文本框使其背景变为绿色，再单击 Object Tree 窗口中 sprayvolume 资源节点下的 conebase 点作为输入（见图 4-71）。

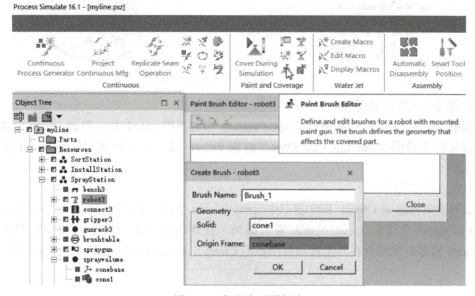

图 4-71 机器人画刷创建

设定完毕后单击 Create Brush-robot3 对话框的 OK 按钮完成画刷创建，此时在 Paint Brush Editor-robot3 对话框的 Brushes 列表中可以看到为机器人 robot3 创建的画刷 Brush_1（见图 4-72）。进行机器人喷涂路径规划时即可在 OLP 命令中使用该画刷进行喷涂操作。单击 Paint Brush Editor-robot3 对话框的 Close 按钮结束机器人画刷创建。

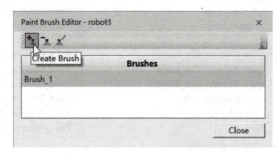

图 4-72 机器人画刷编辑器

4. 喷涂表面设定

码 4-16 喷涂表面建模

（1）喷涂产品零件定位

将上盖零件 parta、下盖零件 partb 和芯柱零件 partc 按照装配要求组合后定位到喷涂台 brushtable 上（见图 4-73），并与喷涂台 brushtable 的转盘（即 lnk2）相绑定。

(2) 喷涂表面建模

在本书案例中，上盖和下盖的侧面需要进行喷涂，在喷涂前需要为这些待喷涂的表面进行网格化建模。选择软件主界面 Process→Create Mesh 命令，在弹出的 Create Mesh 对话框中，单击 Parts 列表框中的空白条目，再依次拾取需要被喷涂的上盖 parta 和下盖 partb 作为输入。Create Mesh 对话框的 Tessellation Tolerances 选项组用于设定零件表面网格化的参数，此处设置 Distance 参数为 1mm，Deviation 参数为 0.1mm，Angle 参数为 15°（见图 4-74）。最后单击 Create Mesh 对话框的 OK 按钮生成待喷涂零件表面的网格模型。

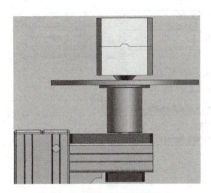

图 4-73　喷涂产品零件定位

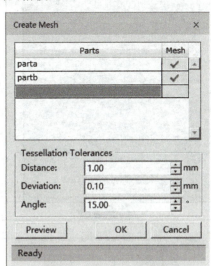

图 4-74　喷涂表面建模

4.4.2　机器人喷涂操作规划仿真

1. 创建喷涂操作

机器人喷涂操作属于连续制造特征操作，可以使用向导命令进行创建。单击选择软件主界面 Process→Continuous Process Generator 命令，在弹出的 Continuous Process Generator 对话框的 Process 下拉列表框内选择 Coverage pattern 以指定操作模式（见图 4-75）。

码 4-17　创建喷涂操作

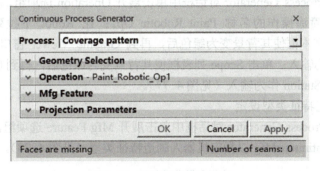

图 4-75　喷涂操作模式设定

（1）机器人喷涂路径创建设定

在 Continuous Process Generator 对话框中单击展开 Geometry Selection 选项组，首先单击 Faces 文本框使其背景变为绿色后，再到 Graphic Viewer 窗口中单击所需喷涂的表面作为输入，此处拾取上盖和下盖在同一个方向上的侧表面；然后分别单击 Start point 文本框和 End point 文本框使其背景变为绿色后，再到 Graphic Viewer 窗口中拾取喷涂表面上对应的起点和终点，此处拾取的起点和终点位于上盖和下盖之间的交接线处，喷涂表面上会出现带箭头的路径指示线，它指示了喷涂路径的方向（见图 4-76）。

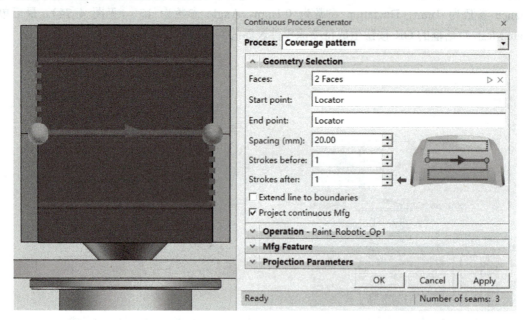

图 4-76　喷涂路径创建设定

对于具有一定面积的喷涂表面，可以在 Strokes before 和 Strokes after 文本框中输入数值，用以定义前后扩展多少条平行路径线，使喷涂操作可以完整覆盖所需喷涂的整个表面，Spacing 文本框中输入的数值则指定这些平行线的间距。此处 Strokes before 和 Strokes after 文本框设定为 1，即前后各扩展 1 条平行路径线；Spacing 文本框中设定为 20，即平行路径线之间的间距为 20mm。最后单击勾选 Project continuous Mfg 复选框以使能投影生成路径点功能（见图 4-76）。

（2）机器人喷涂操作创建设定

在 Continuous Process Generator 对话框中单击展开 Operation 选项组，在 Operation name 文本框内输入机器人喷涂操作的名称 Paint_Robotic_Op1；在 Robot 下拉列表框中选择机器人 robot3；单击 Tool 文本框使其背景变为绿色后，再到 Graphic Viewer 窗口中单击机器人快换喷涂工具 spraygun 作为输入；单击 Scope 列表框使其背景变为绿色后，再到 Operation Tree 窗口中单击复合操作 SprayStation 作为输入（见图 4-77）。

（3）机器人制造特征类型设定

在 Continuous Process Generator 对话框中单击展开 Mfg Feature 选项组，在 Mfg type 下拉列表框中选择 PaintContinuousMfg 以指定机器人制造特征类型（见图 4-78）。

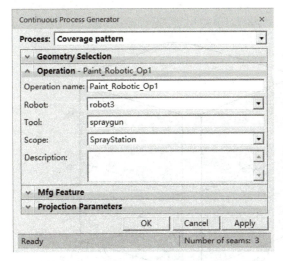

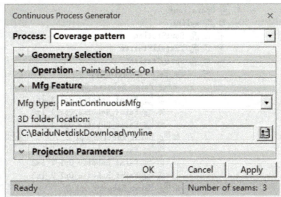

图 4-77　机器人喷涂操作创建设定　　　　图 4-78　喷涂制造特征类型设定

（4）机器人喷涂路径投影参数设定

在 Continuous Process Generator 对话框中单击展开 Projection Parameters 选项组，由于本书案例中的喷涂表面由规则的平面组成，所以可以在 Distribution method 下拉框中选择 By quantity 以指定按数量方式投影，并将 Number of location 微调按钮调节为 3，以指定每条投影路径的路径点数量为 3，Start offset 和 End offset 微调按钮可以设置喷涂起点在路径线上的偏移，本书案例中保持默认 0 值（见图 4-79）。

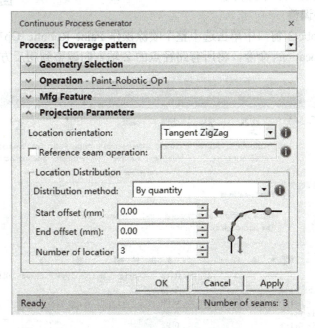

图 4-79　喷涂路径投影参数设定

完成 Continuous Process Generator 对话框中的所有设定后，单击 OK 按钮生成机器人喷涂路径及对应操作（见图 4-80）。

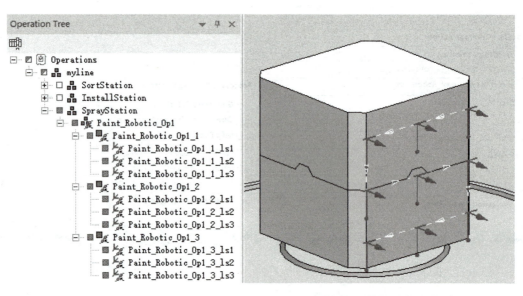

图 4-80　机器人喷涂路径

2. 喷涂路径规划仿真

单击选中 Operation Tree 窗口中 SprayStation 节点下的 Paint_Robotic_Op1 操作节点，再单击 Path Editor-robot3 窗口工具栏上的 Add Operations to Editor 按钮 将其添加到 Path Editor-robot3 窗口中。

码 4-18　喷涂路径规划仿真

（1）路径点位姿调整

在 Path Editor-robot3 窗口中单击选中整个喷涂操作 Paint_Robotic_Op1，然后选择软件主界面 Operation→Flip Locations 命令，将所有路径点的 Z 轴方向调整到相反方向（见图 4-81）。

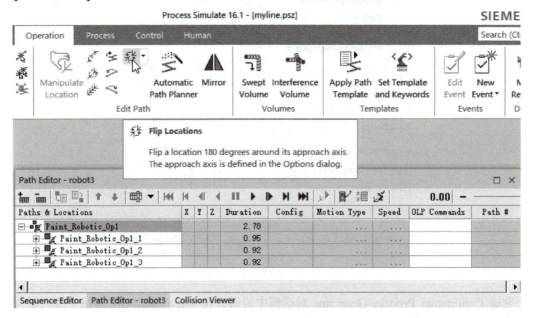

图 4-81　喷涂路径点位姿调整

（2）路径点可达性检测

在 Path Editor-robot3 窗口中单击选中整个喷涂操作 Paint_Robotic_Op1，然后单击选择软件主界面 Robot→Reach Test 命令，在弹出来的 Reach Test:robot3 对话框中可以观察到，每个路径点的姿态经过上一步的 Z 轴反向调整后，现在都处于可达状态（见图 4-82），检测完毕后单击 Reach Test 对话框的 Close 按钮将其关闭。

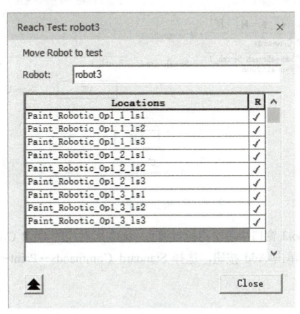

图 4-82 喷涂路径点可达性检测

（3）增加进枪和出枪过渡点

喷涂操作需要在进入喷涂区前打开喷枪，离开喷涂区后关闭喷枪。因此在机器人喷涂操作的第一个路径点前增加进枪过渡点 via31，在机器人喷涂操作的最后一个路径点后增加出枪过渡点 via32，并将到达出枪过渡点的运动方式设为 LIN（见图 4-83）。

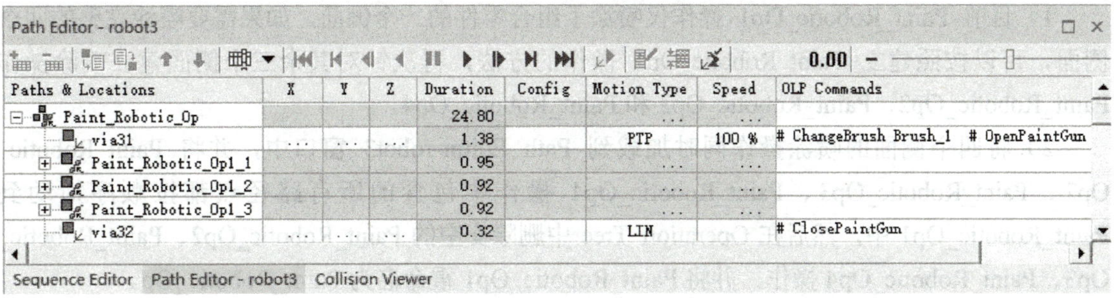

图 4-83 增加喷涂进枪和出枪过渡点

（4）增加喷涂 OLP 命令

为实现喷涂功能，还需要在进枪过渡点中加入 OLP 命令以选择画刷和打开喷枪。在 Path Editor-robot3 窗口中单击 via31 路径点所对应的 OLP Commands 栏，在弹出的 default-via31 对话框中单击 Add 按钮，选择 Standard Commands→Paint→Change Brush 命令，在弹出的 Change

Brush 对话框的 Brush Name 下拉列表框中选择之前创建的画刷 Brush_1（见图 4-84），然后单击 Change Brush 对话框的 OK 按钮以添加选择喷枪命令。继续单击 default-via31 对话框中的 Add 按钮，选择 Standard Commands→Paint→OpenPaintGun 命令以添加打开喷枪命令。最后单击 default-via31 对话框中的 Close 按钮结束 OLP 命令设置。

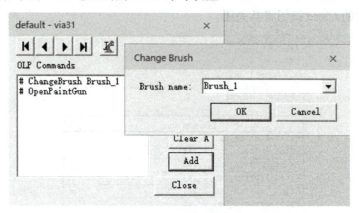

图 4-84　喷涂 OLP 命令设定

在 Path Editor-robot3 窗口中单击出枪过渡点 via32 所对应的 OLP Commands 栏，在弹出的 default-via32 对话框中单击 Add 按钮，选择 Standard Commands→Paint→ClosePaintGun 命令以添加关闭喷枪命令。

（5）喷涂仿真

单击选择软件主界面 Process→Cover During simulation 命令，然后再单击 Path Editor-robot3 窗口工具栏上的 Play Simulation Forward 按钮▶进行仿真，确认喷涂操作无误。

小贴士：仿真后复位喷涂操作不会自动删除喷涂覆盖层，如有需要删除，可以选择软件主界面 Process→Delete Coverage 命令进行手动删除。

（6）路径整合

1）目前 Paint_Robotic_Op1 操作仅喷涂了组合零件的一个侧面，如果需要喷涂完整的四个侧面，可以按照建立 Paint_Robotic_Op1 操作的方法，再次针对其余三个侧面建立喷涂操作 Paint_Robotic_Op2、Paint_Robotic_Op3 和 Paint_Robotic_Op4。

2）将四个侧面的喷涂操作同时加载到 Path Editor-robot3 窗口中，并将 Paint_Robotic_Op2、Paint_Robotic_Op3、Paint_Robotic_Op4 操作中包含的所有路径点都按顺序拖动到 Paint_Robotic_Op1 中，然后在 Operation Tree 中删除变空的 Paint_Robotic_Op2、Paint_Robotic_Op3、Paint_Robotic_Op4 操作，并将 Paint_Robotic_Op1 重命名为 Paint_Robotic_Op。

3）由于四个侧面的方位不一样，机器人并不能顺利走完所有路径点。类似于涂胶操作，需要将喷涂台 brushtable 的旋转轴设为机器人的外部轴，然后为每个面的路径点加入外部轴所需对应的轴值，这样机器人才能一次性喷涂组合零件的四个侧面。

4）在 Path Editor-robot3 窗口中为 Paint_Robotic_Op 操作添加必要的首尾过渡点，并仿真验证无误，最终完成机器人喷涂操作规划仿真（见图 4-85）。

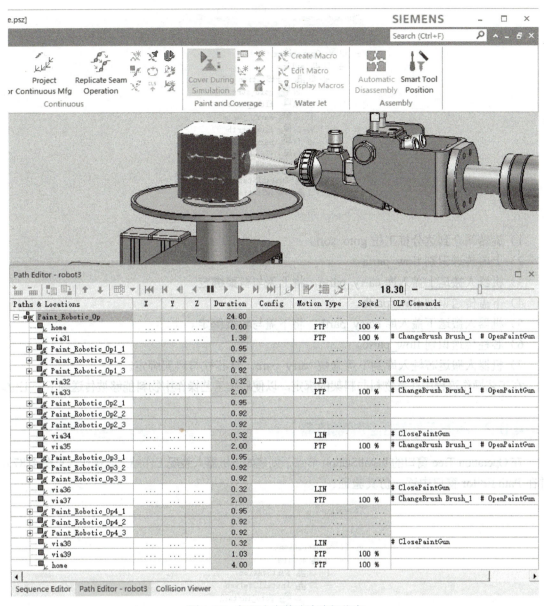

图 4-85　机器人完整喷涂路径仿真

技能实训 4.5　智能生产线工艺规划仿真

4.5.1　分拣工作站工艺规划仿真

在 Operation Tree 窗口的 SortStation 节点下创建如下机器人分拣工作站工艺操作（见图 4-86），并在 Path Editor 窗口中逐一仿真验证。

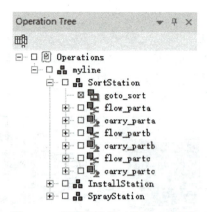

图 4-86　机器人分拣工作站工艺操作

1）旋转料仓到达分拣工位 goto_sort。
2）上盖传送识别 flow_parta。
3）机器人搬运上盖入库 carry_parta，将上盖与料架绑定。
4）下盖传送识别 flow_partb。
5）机器人搬运下盖入库 carry_partb，将下盖与料架绑定。
6）芯柱传送识别 flow_partc。
7）机器人搬运芯柱入库到下盖仓位 carry_parc，将芯柱与料架绑定。

在工艺操作流程中注意物料与料架的绑定，以便后续工艺操作中物料能够被传送到下一工位。

4.5.2　装配工作站工艺规划仿真

在 Operation Tree 窗口的 InstallStation 节点下创建如下机器人装配工作站工艺操作（见图 4-87），并在 Path Editor 窗口中逐一仿真验证。

图 4-87　机器人装配工作站工艺操作

1）旋转料仓到达装配工位 goto_install。
2）机器人安装快换夹爪 mount_gripper2。

3）机器人搬运下盖到变位机上 install_partb，变位机夹紧，将下盖与变位机旋转面板绑定。
4）机器人卸载快换夹爪 unmount_gripper2。
5）机器人安装胶枪 mount_guminggun。
6）机器人涂胶 gum_Robotic_Op。
7）机器人卸载胶枪 unmount_guminggun。
8）机器人安装快换夹爪 mount_gripper2，可复制第 2 步操作。
9）机器人搬运芯柱到下盖中 install_partc，将芯柱与下盖绑定。
10）机器人搬运上盖到下盖上 install_parta，将上盖与下盖绑定。
11）变位机松开，机器人搬运组合零件入库 store_partabc，将下盖与料架绑定。
12）机器人卸载快换夹爪 unmount_gripper2，可复制第 4 步操作。

在工艺操作流程中注意下盖姿态的变化，涂胶操作的路径点顺序及外部轴值需要适配上级工艺操作所决定的下盖姿态。

4.5.3 喷涂工作站工艺规划仿真

在 Operation Tree 窗口的 SprayStation 节点下创建如下机器人装配工作站工艺操作（见图 4-88），并在 Path Editor 窗口中逐一仿真验证。

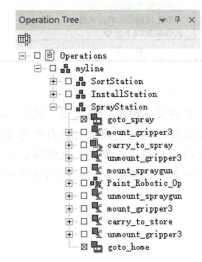

图 4-88　机器人喷涂工作站工艺操作

1）旋转料仓到达喷涂工位 goto_spray。
2）机器人安装快换夹爪 mount_gripper3。
3）机器人搬运组合零件到喷涂台 carry_to_spray，将下盖与喷涂回转台的旋转面板绑定。
4）机器人卸载快换夹爪 unmount_gripper3。
5）机器人安装喷枪 mount_spraygun。
6）机器人喷涂 Paint_Robotic_Op。
7）机器人卸载喷枪 unmount_spraygun。
8）机器人安装快换夹爪 mount_gripper3，可复制第 2 步操作。
9）机器人搬运组合零件入库到上盖仓位 carry_to_store，喷涂台复位，将上盖与下盖绑定，再将下盖与料架绑定。

10）机器人卸载快换夹爪 unmount_gripper3，可复制第 4 步操作。

11）旋转料仓回 home 工位 goto_home。

在工艺操作流程中注意组合零件姿态的变化，喷涂操作的路径点顺序及外部轴值需要适配上级工艺操作所决定的组合零件姿态。

【实训考核评价】

根据学生的实训完成情况给予客观评价，见表 4-1。

表 4-1 实训考核评价

考核内容	配分	考核标准	得分
对象流操作	20	对象流夹持点和路径点设置合理 物料移动正确	
设备操作	20	正确设置设备目标姿态 合理规划设备运行速度	
机器人搬运操作	20	正确设置机器人抓取和放置点 合理规划过渡点 正确添加 OLP 命令	
机器人涂胶操作	20	正确生成机器人涂胶轨迹 正确添加和使用外部轴命令 机器人路径点合理、可达、无干涉	
机器人喷涂操作	20	正确设置喷枪喷涂范围 正确生成机器人喷涂轨迹 正确添加 OLP 命令	
合　计			

▶ 素养小栏目

　　凡事预则立，不预则废。在部署实际生产线之前，使用仿真软件对生产线的各项工艺操作及整个工艺流程进行规划设计，迅速发现系统运行中存在的问题，并及时进行调整与优化，可以减少后续实体系统的更改与返工次数，大幅降低时间和经济成本。对于个人成长和发展而言，在学习和工作中都需要事先制订相应的规划并做好充分的准备，才能更好地应对未来的挑战和困难。

第3篇 进 阶 篇

项目 5　智能生产线工艺过程仿真

【项目引入】

智能生产线的整体工艺流程由多个单独的工艺操作按照一定的逻辑顺序组成，完成单个工艺操作的仿真后，还需要对智能生产线的整体工艺流程进行仿真，验证整体制造方案的可行性，从而进一步优化生产周期和节拍。本项目以智能生产线中常见的多工位工业机器人生产线为例来讲解如何对智能生产线的整体工艺流程进行仿真。

【学习目标】

1) 了解基于时间和基于事件的仿真运行方式。
2) 掌握生产线仿真模式下的仿真方法。
3) 掌握传感器和逻辑块在事件仿真中的运用。

任务 5.1　基于时间和基于事件的过程仿真

在 PS 软件中创建独立仿真工程，新建的工程会处于默认的 Standard Mode（标准模式）之下。Standard Mode 下的工艺仿真由时间驱动，也就是将时间作为工艺操作执行的触发条件。实际上，工艺仿真也可以由仿真过程中发生的信号事件作为工艺操作执行的触发条件，这需要将仿真工程切换到 Line Simulation Mode（生产线仿真模式）下，工艺操作通过逻辑信号控制。

5.1.1　标准模式下机器人智能生产线的仿真

1. 使用标准模式打开工程

单击选择软件主界面 File→Open in Standard Mode 命令，在弹出的"打开"对话框中找到所要打开的.psz 工程项目文件，然后单击"打开"按钮，即可使用标准模式打开 PS 工程项目。此处打开本书案例中包含所有工艺操作步骤的 PS 工程项目文件 myline.psz。

码 5-1　标准模式下机器人智能生产线的仿真

2. 加载生产线工艺操作

右击 Operation Tree 窗口中的生产线节点 myline，在弹出的快捷菜单中选择 Set Current Operation 命令将其设为当前操作，此时 Sequence Editor 窗口会加载整个生产线工艺操作

myline，它包含了三个工作站的所有工艺操作（见图 5-1）。观察 Sequence Editor 窗口中右侧的甘特图，三个工作站操作时同时由零时刻开始并行执行。

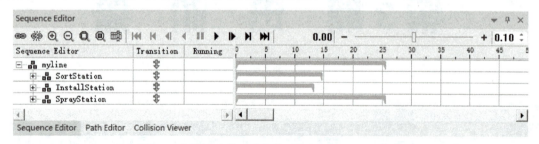

图 5-1　加载生产线工艺操作到 Sequence Editor 窗口

3. 连接生产线工艺操作

按照预定的生产线工艺要求，三个工作站的工艺操作应该是由 SortStation 到 InstallStation 再到 SprayStation 串行执行。按下〈Ctrl〉键同时用鼠标按照工艺顺序依次单击 Sequence Editor 窗口中 myline 节点下的三个工作站节点，然后单击 Sequence Editor 窗口工具栏中的 Link 按钮将它们连接起来。此时 Sequence Editor 窗口中甘特图的显示发生变化，三个工作站的工艺操作将会根据连接的顺序串行执行（见图 5-2）。

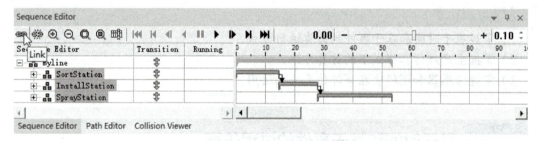

图 5-2　在 Sequence Editor 窗口中连接工艺操作

同理，将三个工作站内部的工艺操作也按照工艺顺序连接起来（见图 5-3）。

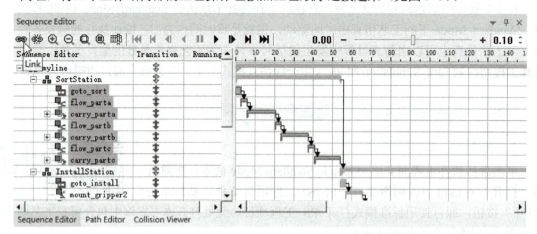

图 5-3　连接工作站内部所有工艺操作

4. 基于时间的生产线工艺操作仿真

单击 Sequence Editor 窗口工具栏中的 Plays Simulation Forward 按钮▶，即可开始仿真整个

生产线的工艺流程。如需暂停仿真，可以单击 Sequence Editor 窗口工具栏中的 Pause Simulation 按钮 ‖；如需复位仿真，可以单击 Sequence Editor 窗口工具栏中的 Jump Simulation to Start 按钮 ◄◄；如需调节仿真播放速度，可以用鼠标拖动 Sequence Editor 窗口工具栏中的 Simulation Speed 滑块；如需设定仿真的时间精度，可以在 Sequence Editor 窗口工具栏中的 Simulation Time Interval 微调文本框内设置，通常设定为 0.1s 以达到仿真精度和仿真速度的平衡。

小贴士：在 Sequence Editor 窗口中定义工艺操作顺序，可以先用鼠标拖拽工艺操作节点上下移动，按照工艺操作顺序排列完成后再进行连接。对于需要并行的工艺操作，可以先将它们放到一个复合工艺操作中，再将这个复合工艺操作与其他工艺操作串行连接。

通过仿真观察整个生产线的工艺流程，可知在标准模式下的工艺流程仿真，每个工艺操作都是根据时间先后关系来启动，这使得工艺操作执行的灵活性不足，无法满足更为复杂的智能生产线工艺需求。

5.1.2 生产线仿真模式下机器人智能生产线的仿真

在实际的智能制造生产线中，更为普遍的生产线运行方式是使用逻辑信号来控制工艺过程。在 PS 软件中进行生产线整体仿真时，可以将仿真模式切换到生产线仿真模式，所有的工艺操作将基于信号事件逻辑来驱动，而不是基于时间驱动。

码 5-2 生产线模式下机器人智能生产线的仿真

1. 切换到生产线仿真模式

单击选择软件主界面 Home→Line Simulation Mode 命令进入生产线仿真模式，PS 软件会弹出警告窗口告知仿真项目没有包含物料流，这是因为初次进入生产线仿真模式还未建立物料流，在下一个任务中将讲解物料流的创建，此处直接单击 Close 按钮将其关闭即可（见图 5-4）。

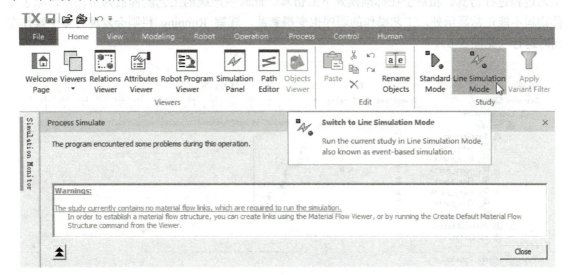

图 5-4 进入生产线仿真模式

小贴士：选择软件主界面 Home→Standard Mode 命令，即可切换到标准模式。在两种仿真模式间切换时需要保存当前的工程项目文件。从下一个任务开始，本书案例均在生产线仿真模式下运行。

2. 基于信号事件的生产线工艺操作仿真

（1）定制仿真栏目列表。

单击 Sequence Editor 窗口工具栏中的 Customize Columns 按钮，在弹出的 Customize Columns 对话框中，将左侧列表框中的 Transition 和 Running 项加入到右侧列表框中（见图 5-5），然后单击 OK 按钮结束。Transition 栏用于指示其所属操作所连接的下一步操作，以及执行下一步操作所需要满足的逻辑信号条件；Running 栏用于显示其所属操作在当前时刻是否正在运行。

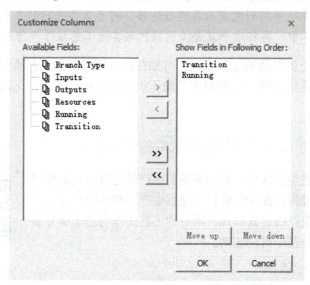

图 5-5　定制 Sequence Editor 窗口栏目

单击 Sequence Editor 窗口工具栏中的 Plays Simulation Forward 按钮，再次对整个生产线工艺过程进行仿真。相对于在标准模式下的仿真，此时生产线的工艺流程极为不正常，除了零件物料不能正常显示外，工艺操作的顺序也变得紊乱，观察 Running 栏则会发现有多个操作在同时运行（见图 5-6）。

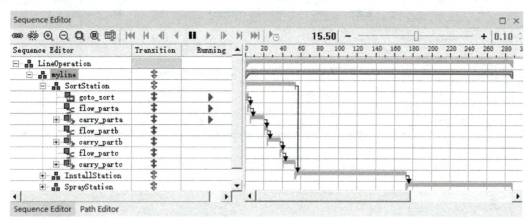

图 5-6　串行的多操作同时运行

（2）工艺操作启动条件的查看与设置

标准模式下的仿真是基于时间依次串行地执行工艺操作，当切换到生产线仿真模式后，工艺操作的执行不再基于时间，而是基于信号条件，所以需要对信号条件进行查看和更改。

1)查看工艺操作完成信号。每当一个实际的工艺操作被创建后,PS 软件会自动为该工艺操作创建一个完成信号;每当该工艺操作执行完成时,该工艺操作所对应的完成信号会由 False 状态转变为 True 状态,并在保持一个仿真扫描周期的时间后恢复为 False 状态。单击选择软件主界面 View→Layout Manager→Advanced Simulation 命令,将软件界面切换到高级仿真布局,然后单击隐藏在软件主窗口左下角的 Signal Viewer 窗口使其展开,在该窗口中可以观察到 PS 软件为所有工艺操作创建的完成信号(见图 5-7),这些信号被命名为"<操作名称>_end"。

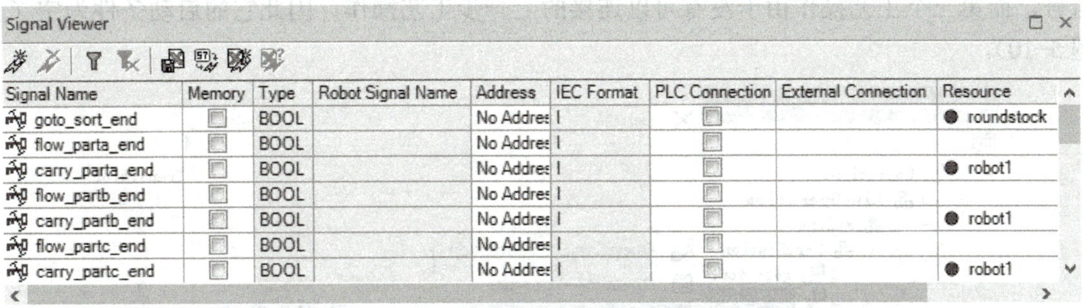

图 5-7 Signal Viewer 窗口中的工艺操作完成信号

2)工艺操作启动条件设定。当 Sequence Editor 窗口中的两个操作之间建立连接后,PS 软件默认会将上一步操作的完成信号用作下一步操作的启动条件。单击 Sequence Editor 窗口中任意一个工艺操作节点,例如 flow_partb,然后双击该节点对应的 Transition 栏中的图标,在弹出的 Transition Editor-flow_partb_end 对话框中可以看到操作列表框内包含 carry_partb 工艺操作,这是因为事先根据工艺要求将 carry_partb 工艺操作连接于 flow_partb 工艺操作之后的缘故。Transition Editor-flow_partb_end 对话框的 Common 文本框则显示了 carry_partb 工艺操作的启动条件,即 flow_partb 工艺操作的完成信号 flow_partb_end。该信号为 True 状态时 carry_partb 工艺操作启动。如果需要更改 carry_partb 工艺操作的启动条件,单击 Common 文本框右侧的 Edit Condition 按钮,在新弹出的对话框的文本框中修改 carry_partb 工艺操作的启动条件(见图 5-8)。

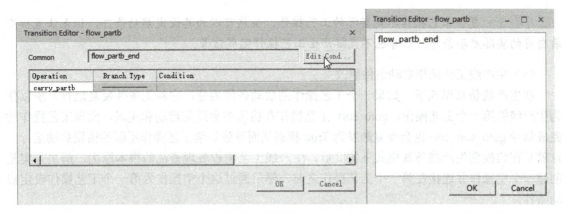

图 5-8 工艺操作启动条件设定

小贴士:Transition 栏中的图标如果是空心的,表示其所属操作所连接的下一步操作并未设置启动条件。对于复合操作,PS 软件并未自动为其连接的下一步操作设置启动条件,如有需要可以自行手动设置。

3)工艺操作实际启动条件查看。单击 Sequence Editor 窗口工具栏中的 Plays Simulation Forward 按钮▶再次启动仿真,随即单击 Sequence Editor 窗口工具栏中的 Pause Simulation 按钮 ‖ 暂停仿真。此时右击 Operation Tree 窗口中的工艺操作节点,在弹出的快捷菜单中选择 Operation Start Condition 命令(见图 5-9),即可在弹出的 Operation Start Condition 对话框中查看该操作的实际启动条件是什么。通过查看每一个工艺操作的实际启动条件,不难发现,除了第一个工艺操作外,其他工艺操作的启动条件均为该工艺操作所连接的上一步工艺操作的完成信号,而第一个工艺操作由于没有可以连接的上一步工艺操作,因此它的启动条件为空(见图 5-10)。

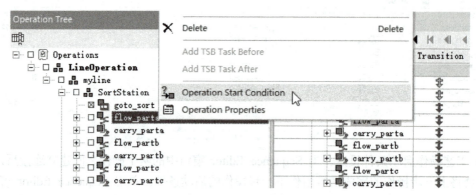

图 5-9 查看工艺操作的实际启动条件

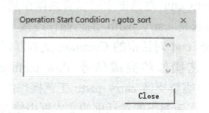

图 5-10 第一个工艺操作的实际启动条件为空

小贴士:复合工艺操作不是实际的工艺操作,虽然可以为其设定启动条件,但无法直接查看自身的实际启动条件,自身也不直接产生工艺操作完成信号。

(3)生产线工艺操作启动条件修改

在生产线仿真模式下,如果一个工艺操作的启动条件为空,它将无条件反复运行!所以作为生产线的第一个工艺操作,goto_sort 工艺操作在仿真中会反复启动和完成,而该工艺操作的完成信号 goto_sort_end 也会反复触发为 True 状态从而导致后续工艺操作不断的错误启动运行,这就是在切换到生产线仿真模式下仿真后,生产线工艺流程表现紊乱的根本原因。解决方案是创建一个空操作并连接在第一个工艺操作之前,然后通过这个空操作为第一个工艺操作设定启动条件。

1)创建空操作。单击 Operation Tree 窗口中的工艺操作节点 myline,然后单击选择软件主界面 Operation→New Operation→New Non Sim Operation 命令,在弹出的 New Non Sim Operation 对话框中,在 Name 文本框内输入该空操作的名字 start,然后单击 Scope 文本框使其背景变为绿色,再单击 Operation Tree 窗口中的节点 myline 作为输入。最后单击该对话框的 OK 按钮完成空操作的创建(见图 5-11)。

图 5-11　创建空操作

2）连接空操作。在 Sequence Editor 窗口中，将排在工艺操作树末尾的 start 空操作拖动到 SortStation 复合工艺操作之前，然后将 SortStation 复合工艺操作连接到 start 空操作之后（见图 5-12），此时空操作 start 成为整个工艺流程的第一步操作。

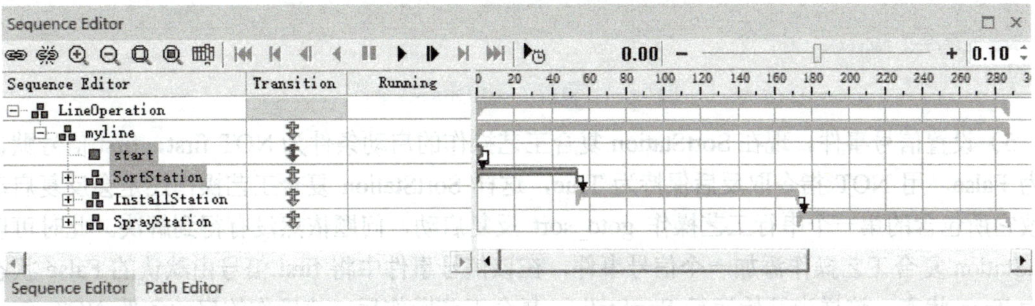

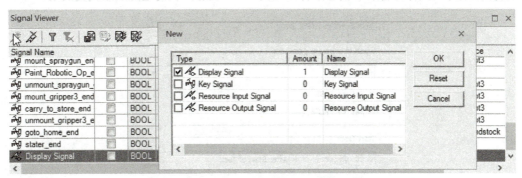

图 5-12　连接空操作到工艺流程首步

3）创建信号。单击隐藏在软件主窗口左下角的 Signal Viewer 窗口使其展开，在 Signal Viewer 窗口工具栏中单击 Create New Signal 按钮，在弹出的 New 对话框中勾选 Display Signal 复选框，然后单击 OK 按钮完成新建信号（见图 5-13）。新建的信号出现在 Signal Viewer 窗口列表的末尾，默认名字为 Display Signal，默认的数据类型为 BOOL。单击选中该信号后按下〈F2〉键，将其改名为 first。

图 5-13　Signal Viewer 窗口中创建新信号

小贴士：Display Signal 和 Resource Output Signal 信号是 PS 软件仿真控制的输出类型信号，Key Signal 和 Resource Input Signal 信号是 PS 软件仿真控制的输入类型信号。

4）更改启动条件。在 Sequence Editor 窗口中双击空操作 start 所对应的 Transition 栏中的图标，在弹出的 Transition Editor-Start 对话框中单击 Common 文本框右侧的 Edit Condition 按钮，在新弹出的 Transition Editor-Start 窗口中的文本框内将 SortStation 复合工艺操作的启动条件由 starter_end 更改为 NOT first（见图 5-14），更改完毕后单击 OK 按钮结束条件设定。

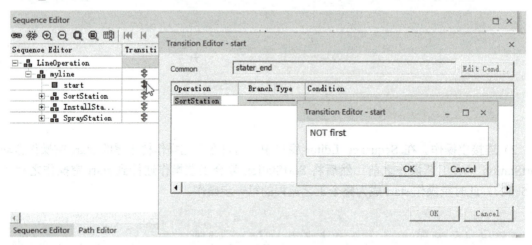

图 5-14　更改工艺操作启动条件

5）设置信号事件。现在 SortStation 复合工艺操作的启动条件为 NOT first，first 信号默认保持为 False，用 NOT 指令取反后保持为 True，这样 SortStation 复合工艺操作还是会反复启动，导致它所包含的第一个串行工艺操作 goto_sort 反复启动，问题依然没有得到解决。此时可以为 SortStation 复合工艺操作添加一个信号事件，在该信号事件中将 first 信号由默认的 False 状态设置为 True 状态，这样当开始运行 SortStation 复合工艺操作后，该操作的启动条件 NOT first 被评估为 False，SortStation 复合工艺操作再不会因启动信号条件反复为 True 而反复启动。

右击 Sequence Editor 窗口中的 SortStation 复合工艺操作，在弹出的快捷菜单中选择 Signal Event 命令弹出 Signal Event（SortStation）对话框。在 Signal Event（SortStation）对话框中，单击 Signal to generate/connect 下拉列表框选择 first 信号，再单击 Set to TRUE 单选按钮，其余保持默认即可（见图 5-15），最后单击 OK 按钮关闭该对话框。该信号事件将会在 SortStation 复合工艺操作刚开始执行时将启动信号条件固定为 False 状态，从而避免后续反复启动。

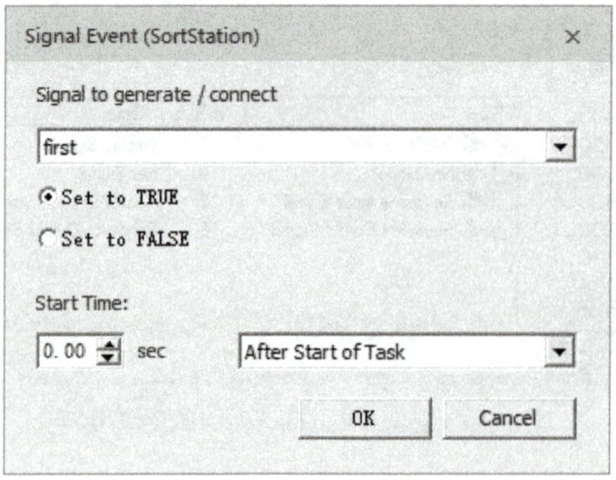

图 5-15　信号事件组态

再次在 Sequence Editor（SortStation）窗口中重新启动仿真运行，可以发现所有工艺操作依次串行执行，工艺顺序紊乱的问题得到解决。

6）循环执行工艺流程。目前生产线的整个工艺流程只能顺序执行一次就停止了，如果需要整个工艺流程循环运行，可以修改 SortStation 复合工艺操作的启动条件，将最后一步工艺操作的完成信号作为 SortStation 复合工艺操作的启动条件之一，与原有的 Not first 条件进行逻辑或运算即可（见图 5-16）。最后一步复合工艺操作 SprayStation 本身不具备工艺操作完成信号，因此将实际的最后一步工艺操作 goto_home 的完成信号 goto_home_end 作为工艺流程的循环条件。

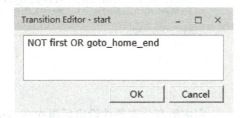

图 5-16　工艺流程循环启动条件

（4）生产线工艺流程结构修改

为了更加柔性的控制生产工艺流程，可以将工艺流程的结构由目前的线性串行结构更改为条件分支结构，这样三个工作站可以根据信号逻辑条件来独立工作，而不必机械的从头到尾按照固定顺序执行。

1）连接结构更改。按下〈Ctrl〉键同时用鼠标按照工艺顺序依次单击 Sequence Editor 窗口中 myline 节点下的三个工作站节点，然后单击 Sequence Editor 窗口工具栏中的 Unlink 按钮，将它们之间的连接断开，再将三个工作站节点分别连接到起始的空操作 start 之后，这样整个工艺流程由线性串行架构变成了分支并行架构（见图 5-17）。

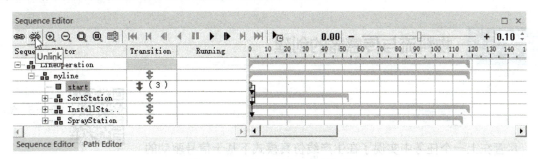

图 5-17　工艺流程分支并行架构

2）分支条件设置。在 Sequence Editor 窗口中双击空操作 start 所对应的 Transition 栏中的图标，在弹出来的 Transition Editor 对话框中更改后续工艺操作启动条件，以满足原始工艺流程的串行执行要求。单击 Common 文本框右侧的 Edit Condition 按钮，在弹出来的对话框中将后续操作的启动条件清空，单击 OK 按钮确认并关闭；在操作列表框中分别单击三个复合工艺操作所对应的 Branch Type 栏，在下拉列表框中选择 Alternative 类型，然后双击对应的 Condition 栏，在弹出来的对话框中输入该复合工艺操作启动执行所需满足的逻辑信号条件，最后单击 OK 按钮确认并关闭（见图 5-18）。其中，SortStation 复合工艺操作的启动信号条件为 NOT first OR goto_home_end，即原始的生产线工艺流程启动信号条件；InstallStation 复合工艺操作的启动信号条件为 carry_partc_end，即 SortStation 复合工艺操作中的最后一个工艺操作的完成信号；SprayStation 复合工艺操作的启动信号条件为 unmount_gripper2_end_1，即 InstallStation 复合工艺操作中的最后一个工艺操作的完成信号。

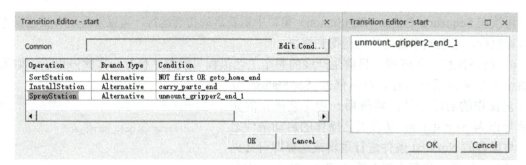

图 5-18　工艺流程分支条件设定

完成所有分支条件设定后再次在 Sequence Editor 窗口中重新启动仿真运行，不难发现，尽管工艺操作流程的架构是并行分支结构，但在逻辑信号条件的控制下，整个工艺流程还是按照三个工作站的既定工艺顺序依次完成整个工艺流程并可以循环运行。如需单独仿真某一个工作站的工艺流程，只需修改并行分支条件即可，这里不再赘述。

在生产线仿真模式下，所有工艺操作都要基于信号条件来启动。在本项目任务中，PS 软件的仿真控制默认工作于 CEE 方式下，在该方式下任何工艺操作的启动条件只能由该工艺操作所关联的上一步工艺操作来设定。如果一个工艺操作没有相关联的上一步工艺操作，则无法为该工艺操作设定启动条件，从而导致它无条件反复运行。在后续项目任务中，用户还可以使用其他方式来设定工艺操作的启动条件。

从下一个任务开始，本书案例均在生产线仿真模式下运行。

任务 5.2　物料流与传感器的创建

5.2.1　创建物料流

码 5-3　创建物料流

尽管在上一个任务中实现了在生产线仿真模式下基于信号驱动的工艺流程仿真，但零件的显示还是不正常，这需要创建物料流来解决。进入生产线仿真模式后，Object Tree 窗口中的 Parts 节点下再无零件节点，这是因为在生产线仿真模式下 PS 软件不再使用零件本身，而是使用它们的"分身"（即 Appearances）。零件"分身"在工艺操作之间的传递关系需要使用物料流 Material Flow 来定义。

1. 建立物料流

单击选择软件主界面 View→Viewers→Material Flow Viewer 命令打开 Material Flow Viewer 窗口。单击 Material Flow Viewer 窗口工具栏上的 Generate Material Flow Links 按钮，在弹出的 Generate Material Flow Links 对话框中，单击 Objects 列表的空白行使其背景变为绿色后，在 Operation Tree 窗口中按照工艺流程顺序依次单击每一个实际的工艺操作作为输入（见图 5-19），注意不能输入复合工艺操作，空操作在此处也无须输入。

所有实际的工艺操作输入完成后单击 OK 按钮即可完成物料流的创建，然后单击 Material Flow Viewer 窗口工具栏上 Layout Display 选项区的按钮可以将物料流自动横排或竖排的显示（见图 5-20）。

项目 5　智能生产线工艺过程仿真

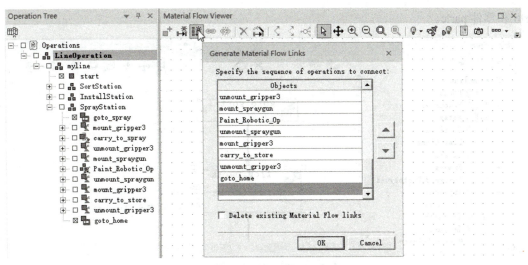

图 5-19　创建物料流

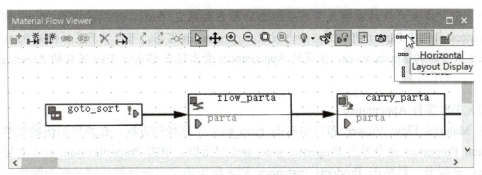

图 5-20　物料流窗口显示

如图 5-20 所示，Material Flow Viewer 窗口用方框来表示实际执行的工艺操作，方框之间用有向箭头连接，表示上一个工艺操作所关联的物料零件可以传递到下一步工艺操作中，如果下一步工艺操作中也包含上一步工艺操作中传递而来的物料零件，则相同的物料零件合二为一。单击 Material Flow Viewer 窗口工具栏上的 Display Parts 按钮，代表工艺操作的方框内可以显示出该工艺操作所关联的物料零件。

2．工艺操作关联物料

在 Sequence Editor 窗口中再次启动仿真以验证，物料零件已基本能够显示正常，美中不足的是在工艺流程开始之初，旋转料仓转向分拣工位时没有看到任何物料零件，这是由于物料流中的第一个工艺操作 goto_sort 没有关联物料零件的原因。

（1）生成零件 Appearance

在生产线仿真模式下将一个工艺操作与物料零件关联，需要事先创建该物料零件的 Appearance。该物料零件的 Appearance 可以通过已经关联该物料零件的工艺操作生成。在 Material Flow Viewer 窗口中观察到 flow_parta 工艺操作与零件 parta 相关联，因此在 Material Flow Viewer 窗口中右击 flow_parta 工艺操作方框，在弹出的快捷菜单中单击 Generate Appearances 命令即可在 Object Tree 窗口中的 Appearances 节点下生成零件 parta（见图 5-21）。同理，利用 flow_partb 和 flow_partc 操作在 Object Tree 窗口中的 Appearances 节点下生成零件

partb 和零件 partc。

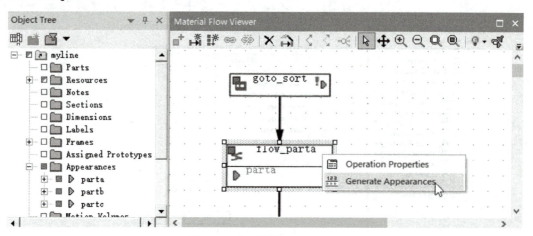

图 5-21　生成零件 Appearance

小贴士：在生产线仿真模式下某些组态场景需要指定 Parts，可以使用与 Parts 相对应的 Appearances 来代替 Parts 进行组态，如果没有 Appearances 可用，可以利用关联相关 Parts 的工艺操作来生成所需的 Appearances，生成的 Appearances 会出现在 Object Tree 窗口的 Appearances 节点下。

（2）关联零件 Appearance

在 Material Flow Viewer 窗口中右击 goto_sort 工艺操作方框，在弹出的快捷菜单中选择 Operation Properties 命令弹出 Properties-goto_sort 对话框。单击 Properties-goto_sort 对话框中的 Products 选项卡，再单击 Products Instances 列表框中的空白条目使其背景变为绿色，然后在 Object Tree 窗口中的 Appearances 节点下依次单击 parta、partb、partc 作为输入，完成后单击 Properties goto_sort 对话框的"确定"按钮关闭该对话框（见图 5-22）。关联完毕后在 Material Flow Viewer 窗口中的 goto_sort 工艺操作方框里会出现 parta、partb、partc 这三个零件。

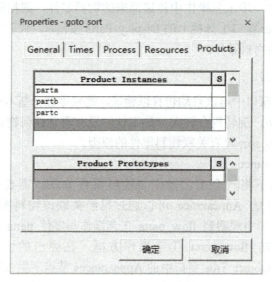

图 5-22　为工艺操作关联物料零件

（3）零件 Appearance 初始定位

关联零件 Appearance 完成后再次在 Sequence Editor 窗口中重新启动仿真运行，三个物料零件随着工艺流程的开始而出现，但它们重叠堆放在传送带的起始端，零件 Appearance 出现的初始位姿需要重新定位。在 Sequence Editor 窗口中停止并复位工艺流程仿真，然后在 Operation Tree 窗口中右击第一个实际工艺操作节点即 goto_sort，在弹出的快捷菜单中选择 Generate Appearances 命令生成零件 Appearance，此时它们依然会出现在传送带的起始端，使用重定位命令将它们移动到合适的初始位置，比如工作台（见图 5-23）。

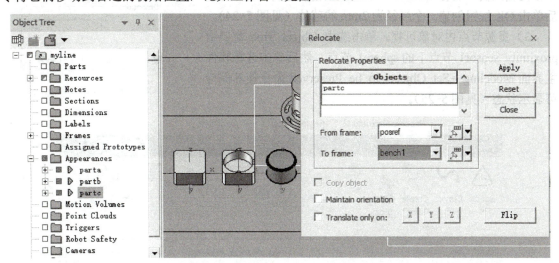

图 5-23　零件 Appearance 初始定位

小贴士：既可以在 Operation Tree 窗口中右击对应的工艺操作节点，也可以在 Material Flow Viewer 窗口中右击对应的工艺操作方框，然后选择 Generate Appearances 命令生成零件 Appearance。

当再次在 Sequence Editor 窗口中重新启动仿真运行时，三个物料零件会首先出现在工作台上，然后随着工艺流程的运转，依次转移到传送带上被传送。

5.2.2　创建传感器

在生产线仿真模式下，工艺流程操作依靠逻辑信号来驱动，本书案例目前几乎每个工艺操作的启动条件都是上一步工艺操作的完成信号，而这些完成信号都是 PS 软件内部生成的，在实际生产线中并不存在。实际生产线往往通过传感器信号来判断工艺流程执行的情况，PS 软件也提供了传感器功能仿真。

码 5-4　创建接近传感器

1. 创建接近传感器

PS 中创建接近传感器需要指定实体资源作为接近传感器使用，本书案例中将创建球状实体作为接近传感器的载体。

（1）创建接近传感器实体

1）创建资源节点。在 Object Tree 窗口中单击分拣工作站 SortStation 节点，单击选择软件主界面 Modeling→Create New Resource 命令，在弹出的 New Resource 对话框中的列表内选择 Tool Prototype 类型，然后单击 OK 按钮在 SprayStation 节点下新建资源节点，并将新资源节点重命名为 proximity_sensor1。

2）资源节点中新建球体。在 Object Tree 窗口中单击选中 proximity_sensor1 节点，单击选择软件主界面 Modeling→Solids→Sphere Creation→Create a sphere 命令，在弹出的 Create Sphere 对话框中，在 Name 文本框内输入实体名称 sphere1，Radius 微调按钮调节为 2，最后单击 OK 按钮创建一个半径为 2mm 的球体（见图 5-24）。

3）资源节点内对象可视。单击选中 Object Tree 窗口中 proximity_sensor1 节点下的 sphere1 节点，然后单击选择软件主界面 Modeling→Set Objects to be Preserved 命令使其保持可显示状态（见图 5-25）。

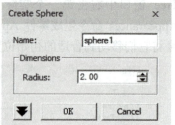

图 5-24 新建球形实体

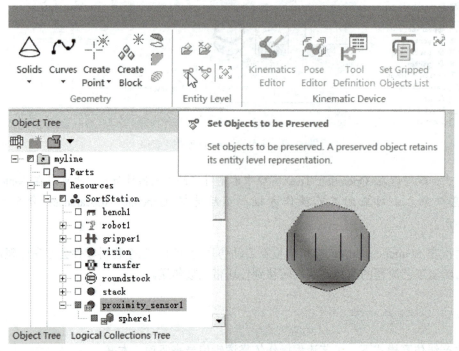

图 5-25 资源节点内对象可视

4）资源节点保存。在 Object Tree 窗口中单击 proximity_sensor1 节点，单击选择软件主界面 Modeling→End Modeling 命令，在弹出的 Save Component As 对话框中将 proximity_sensor1 资源对象保存在本工程项目所在的 Client System Root 目录下。

（2）接近传感器创建

1）生成零件 Appearance。为后续方便设定传感器所能识别的零件，右击 Object Tree 窗口中的 goto_sort 工艺操作节点，在弹出的快捷菜单中单击 Generate Appearances 命令即可在 Object Tree 窗口中的 Appearances 节点下生成零件 Appearance。

2）接近传感器创建设定。单击选择软件主界面 Control→Sensor→Create Proximity Sensor 命令，在弹出 Create Proximity Sensor 对话框中，在 Name 文本框内输入接近传感器的名称

proximity_sensor1；单击 Graphic Representation 文本框使其背景变为绿色，然后在 Object Tree 窗口中单击 proximity_sensor1 资源节点作为该接近传感器的载体输入；单击 Objects 列表中的空白条目使其背景变为绿色，然后在 Object Tree 窗口中单击 Appearances 节点下的 parta 作为该接近传感器的检测对象输入；将 Detection Range 微调按钮调节为 30，以设定该接近传感器的检测距离为 30mm；保持 Normally False Signal 复选框处于勾选状态不变。最后单击该对话框的 OK 按钮结束接近传感器的创建（见图 5-26）。

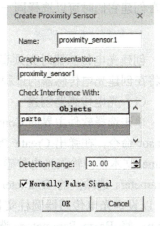

3）接近传感器重定位。在 Object Tree 窗口或 Graphic Viewer 窗口中选中球形的接近传感器实体资源，将其重定位到传送带 transfer 的末端，这样可以使用接近传感器 proximity_sensor1 来判断零件 parta 是否已到达传送带末端（见图 5-27）。

图 5-26 接近传感器创建设定

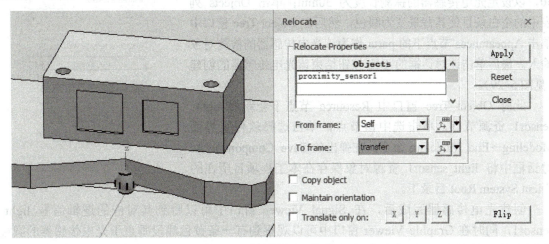

图 5-27 接近传感器重定位

4）接近传感器信号查看。在接近传感器 proximity_sensor1 创建完毕后，可以在 Signal Viewer 窗口中看到与其同名的逻辑信号 proximity_sensor1（见图 5-28）。每当零件 parta 距离该接近传感器实体不超过 30mm 时，proximity_sensor1 信号变为 1，否则保持为 0。

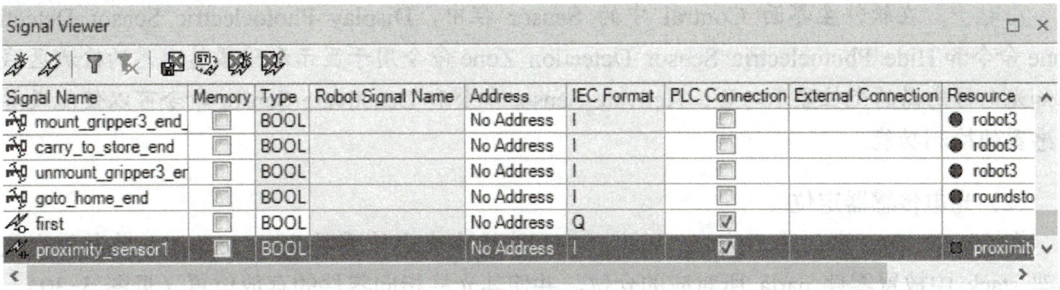

图 5-28 接近传感器状态信号

同理，在传送带末尾相同的位置再创建两个接近传感器 proximity_sensor2 和 proximity_sensor3，用以检测零件 partb 和零件 partc 是否到达，它们对应的检测信号分别为

proximity_sensor2 和 proximity_sensor3。由于这些接近传感器的形状大小和所处位置均相同，因而在创建它们时可以选择同一资源节点作为它们的载体。

2. 创建光电传感器

创建光电传感器时无须事先准备光电传感器的实体资源，PS 软件将在创建光电传感器的过程中参数化创建一个的圆柱体作为光电传感器的载体。

（1）光电传感器创建

单击选择软件主界面 Control→Sensor→Create Photoelectric Sensor 命令，在弹出 Create Photoelectric Sensor 对话框中，在 Name 文本框内输入光电传感器的名称 light_sensor1；将 Lens Parameters 选项区的 Diameter 和 Width 微调按钮调节为 5 和 2，以设定光电传感器圆柱实体的直径和宽度分别为 5mm 和 2mm；将 Beam Parameters 选项区的 Length 微调按钮调节为 30，以设定光电传感器的探测长度为 30mm；单击 Objects 列表中的空白条目使其背景变为绿色，然后在 Object Tree 窗口中单击 Appearances 节点下的 parta 作为该光电传感器的检测对象输入。最后单击该对话框的 OK 按钮结束该光电传感器的创建（见图 5-29）。

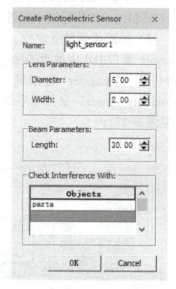

此时 Object Tree 窗口中 Resource 节点下会新增 light_sensor1 资源节点，单击选中该节点，单击选择软件主界面 Modeling→End Modeling 命令，在弹出的 Save Component As 对话框中将 light_sensor1 资源对象保存在本工程项目所在的 Client System Root 目录下。

图 5-29 光电传感器创建设定

创建光电传感器完成后，在 Signal Viewer 窗口中可以看到其对应的逻辑信号 light_sensor1，同时在 Graphic Viewer 窗口中可以观察到有一条黄色线段垂直于光电传感器的圆柱截面向外，该线段代表了光电传感器的检测区域（见图 5-30）。在创建光电传感器时，Create Photoelectric Sensor 对话框的 Beam Parameters 选项区中 Length 微调文本框设定了该线段的长度。当指定的被检测物体与该线段相交时，light_sensor1 信号变为 1，否则保持为 0。

小贴士：在软件主界面 Control 中的 Sensor 栏中，Display Photoelectric Sensor Detection Zone 命令和 Hide Photoelectric Sensor Detection Zone 命令用于显示和隐藏传感器的检测区域，比如光电传感器的光柱显示与否；Activate Sensor 命令和 Deactivate Sensor 命令可以使能或屏蔽传感器的检测功能。

（2）光电传感器定位

在 Object Tree 窗口或 Graphic Viewer 窗口中选中光电传感器 light_sensor1，将其重定位到料架 stack 中放置零件 parta 所对应的仓位，并使其光柱指向零件的存放位置（见图 5-30），这样可以使用 light_sensor1 信号来判断零件 parta 是否已被分拣到旋转料仓上的料架之中。

光电传感器 light_sensor1 重定位完成后，将其与料架 stack 绑定（见图 5-31），以便跟随料架持续检测该料仓中是否存在对应的物料零件。

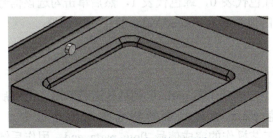

图 5-30　光电传感器检测区域

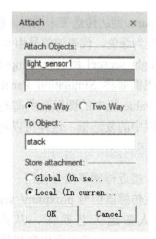

图 5-31　光电传感器与料架绑定

同理,创建光电传感器 light_sensor2 和 light_sensor3,用于检测旋转料仓上的料架之中是否存在零件 partb 和零件 partc。

任务 5.3　工艺过程中传感器的使用与逻辑块的编写

目前在生产线工艺流程的仿真中,各个工艺操作的完成信号均是在创建该工艺操作时由 PS 软件自动创建。引入传感器后,可以利用传感器的检测信号来确定相关工艺操作是否完成,这也是现实中生产线工艺流程控制的常用方法。

5.3.1　传感器信号驱动工艺流程

1. 传感器信号的监控

码 5-6　传感器信号驱动工艺流程

按下〈Ctrl〉键同时用鼠标单击选中 Signal Viewer 窗口中的传感器信号 light_sensor1 和 proximity_sensor1,然后单击 Simulation Panel 窗口工具栏中的 Add Sigal to Viewer 按钮,将它们添加到 Simulation Panel 窗口的列表中进行监控(见图 5-32)。

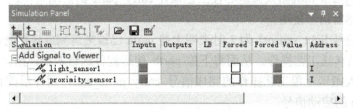

图 5-32　添加信号到仿真面板

小贴士:将软件界面切换到 Advanced Simulation 布局时,Simulation Panel 窗口会出现在软件界面左下侧,或是选择软件主界面 View→Simulation Panel 命令打开该窗口。

在 Sequence Editor 窗口中启动仿真运行,观察 Simulation Panel 窗口中的传感器信号变化。

当上盖 parta 到达传送带末端时，接近传感器信号 proximity_sensor1 所对应的 Input 栏中的图标会由红色变为绿色，代表该信号由 0 变为 1；当上盖 parta 到达旋转料仓中对应的仓位时，光电传感器信号 light_sensor1 所对应的 Input 栏中的图标会由红色变为绿色，代表该信号由 0 变为 1。

如果需要将 Simulation Panel 窗口中的信号强制设置为固定值，可以先单击该信号对应的 Forced Value 栏中的图标至所需的颜色，红色代表 0，绿色代表 1，然后单击勾选该信号对应的 Forced 栏中的复选框，这样可以将该信号的值强制为 Forced Value 栏中指定的值。

2. 传感器信号的使用

（1）接近传感器信号使用

接近传感器信号 proximity_sensor1 为 1 时表明上盖 parta 已到达传送带末端，可以启动后续的机器人搬运工艺操作，从而将上盖 parta 搬运到旋转料仓的对应仓位中。因此，proximity_sensor1 信号可以取代传送上盖工艺操作的完成信号 flow_parta_end，用作后续机器人搬运上盖工艺操作 carry_parta 的启动信号。在 Sequence Editor 窗口中双击 flow_parta 工艺操作节点所对应的 Transition 栏中的图标，在弹出来的 Transition Editor-flow_parta 对话框中更改后续工艺操作 carry_parta 的启动条件为 proximity_sensor1（见图 5-33）。

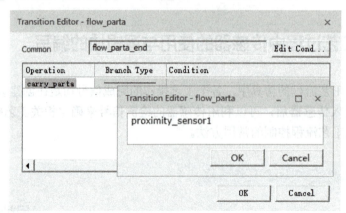

图 5-33 更改机器人搬运上盖工艺操作启动条件

更改完毕后在 Sequence Editor 窗口中再次启动仿真验证，可以观察到当 Simulation Panel 窗口中的 proximity_sensor1 信号为 1 时，机器人搬运上盖工艺操作立即启动。

同理，将接近传感器信号 proximity_sensor2 和 proximity_sensor3 分别设置为机器人搬运下盖工艺操作 carry_partb 和机器人搬运芯柱工艺操作 carry_partc 的启动条件。

（2）光电传感器信号使用

光电传感器信号 light_sensor1 为 1 时表明上盖 parta 已被搬运到旋转料仓对应的仓位中，可以启动后续的物料传送工艺操作，从而将下盖 partb 传送到传送带末端。因此，light_sensor1 信号可以取代机器人搬运上盖工艺操作的完成信号 carry_parta_end，用作后续传送带传送下盖工艺操作 flow_partb 的启动信号。

料仓内的传感器检测信号由于在物料入仓后会一直保持 1，这样会反复触发后续工艺操作，所以需要使用 RE(X)函数获取该信号的上升沿，以单次触发后续工艺操作。在 Sequence Editor 窗口中双击 carry_parta 工艺操作节点所对应的 Transition 栏中的图标，在弹出来的 Transition Editor-carry_parta 对话框中更改后续工艺操作启动条件为 RE(light_sensor1)（见图 5-34）。

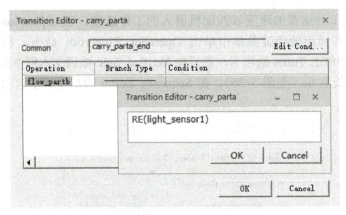

图 5-34 更改传送下盖工艺操作启动条件

更改完毕后在 Sequence Editor 窗口中再次启动仿真验证,可以观察到当 Simulation Panel 窗口中的 light_sensor1 信号跳变为 1 时,传送下盖操作立即启动,并且不会反复启动。

小贴士:工艺操作的启动条件可以是信号的组合逻辑或信号函数运算结果,常用的信号函数有获取上跳变沿函数 RE(X)、获取下跳变沿函数 FE(X)、复位优先触发器函数 SR(X,Y)、置位优先触发器函数 RS(X,Y)等。

同理,将光电传感器信号 light_sensor2 的上升沿 RE(light_sensor2)设置为传送芯柱工艺操作 flow_partc 的启动条件。

(3) 信号跳变沿的使用

为防止信号条件保持为 1 而反复触发后续操作,通常以信号条件的跳变沿来作为后续操作的触发条件,但需要综合考虑前后的影响。

例如将机器人搬运下盖工艺操作 carry_partb 的启动条件由 proximity_sensor2 更改为 RE(proximity_sensor2)(见图 5-35),然后在 Sequence Editor 窗口中再次启动仿真验证。当传送下盖工艺操作 flow_partb 完成后,机器人搬运下盖操作 carry_partb 却未能执行。这是因为 RE(proximity_sensor2)信号仅有一个仿真扫描周期时间保持为 1,传送下盖完成时机器人搬运上盖还未结束,所以机器人错过了搬运下盖工艺操作的有效启动信号。

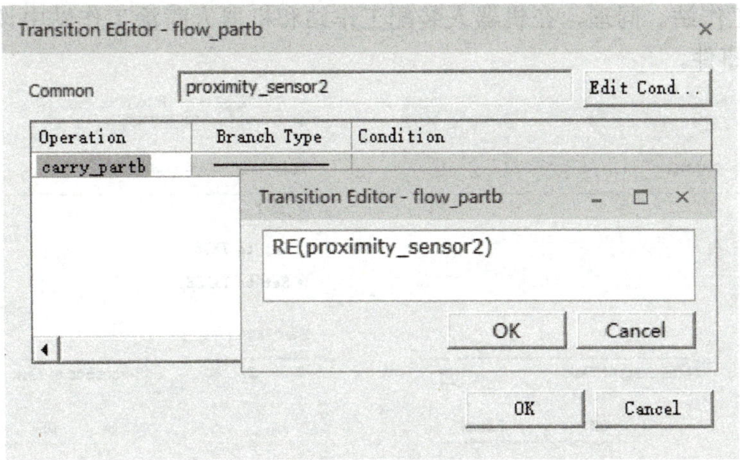

图 5-35 更改机器人搬运下盖工艺操作启动条件

解决方案是调节传送带的速度以匹配机器人的工作速度。在 Operation Tree 窗口中右击 flow_partb 操作，在弹出的快捷菜单中单击 Operation Properties 命令，在弹出的 Properties-flow_partb 对话框中单击 Times 选项卡，然后在 Verified time 微调文本框中输入 6，即将传送带传送下盖的时间延长至 6s（见图 5-36）。在 Sequence Editor 窗口中再次启动仿真验证，问题得到解决。

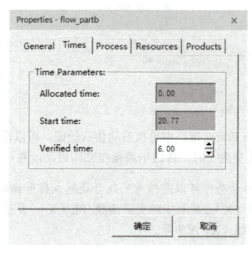

图 5-36　更改传送下盖操作时间

（4）辅助控制信号的使用

三个机器人工作站都包含有取放物料的工艺操作，它们都会导致料仓中的光电传感器信号变化，从而错误触发机器人分拣工作站中的传送物料操作。为避免这样的错误，需要增加其他辅助控制信号，将其与料仓中的光电传感器信号进行逻辑运算，以形成后续工艺操作的启动条件。

1）创建信号。类似于 first 信号的创建，在 Signal Viewer 窗口中创建 Display Signal 类型的布尔信号 in_sort、in_install、in_spray 用于指示其对应的工作站是否正在进行。

2）设置信号事件。在机器人分拣工作站的第一个工艺操作开始处增加信号事件，置位 in_sort 信号为 1（见图 5-37）；在机器人分拣工作站的最后一个工艺操作的结束处增加信号事件，复位 in_sort 信号为 0（见图 5-38）。这样当 in_sort 信号为 1 时可以指示当前工艺流程进行到机器人分拣工作站。同理，在机器人装配工作站和机器人喷涂工作站中设置 in_install 和 in_spray 的信号事件。

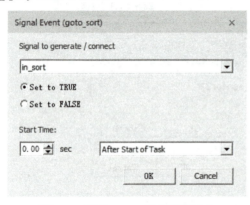
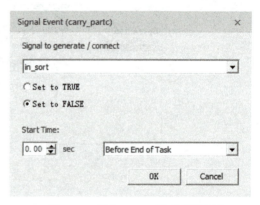

图 5-37　置位 in_sort 信号事件组态　　　　图 5-38　复位 in_sort 信号事件组态

3）更改启动条件。将 flow_partb 工艺操作的启动条件更改为 RE(light_sensor1) AND in_sort（见图 5-39），以避免后续工艺流程错误启动 carry_partb 工艺操作；将 flow_partc 工艺操作的启动条件更改为 RE(light_sensor2) AND in_sort（见图 5-40），以避免后续工艺流程错误启动 carry_partc 工艺操作。

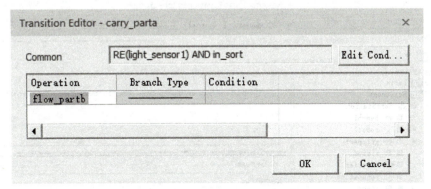

图 5-39　更改传送下盖启动条件

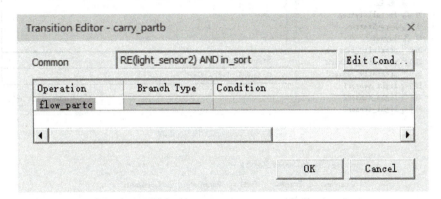

图 5-40　更改传送芯柱启动条件

5.3.2　逻辑块实现零件计数功能

码 5-7　逻辑块实现零件计数功能

在 PS 软件内部，用户可以自定义逻辑块 Logic Block 来完成一定的逻辑控制功能。逻辑块与其他普通生产资源一样，归属于 Object Tree 窗口中的 Resource 节点下，但逻辑块本身不带有机械本体，可以看作生产线内部的"局部软件 PLC"。本书案例将创建一个逻辑块来实现来料计数的功能。

1. 逻辑块的创建与设定

单击选中 Object Tree 窗口中 Resources→SortStation→LB 节点，然后选择软件主界面 Control→Create Logic Resource 命令，在弹出的 Resource Logic Behavior Editor-LB 对话框中，根据任务需求依次单击该对话框中的相关选项卡，对创建在 SortStation 节点下的逻辑块 LB 进行设定（见图 5-41）。

（1）Overview 选项卡

Overview 选项卡用于设定逻辑块的名称并全局概览逻辑块的所有设置。在 General 选项组的 Name 文本框中输入逻辑块的名称，默认名称为 LB，这里更改为 counter（见图 5-42）。

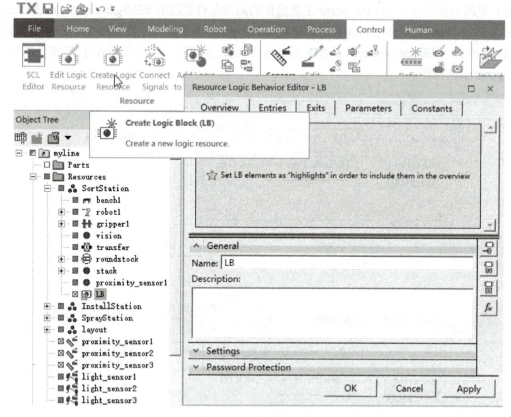

图 5-41 新建逻辑块资源

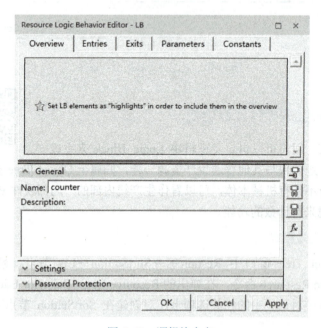

图 5-42 逻辑块命名

(2) Entries 选项卡

Entries 选项卡用于创建和设置逻辑块的输入信号变量。单击工具栏中的 Add，选择 BOOL

类型的信号变量进行添加（见图5-43）。

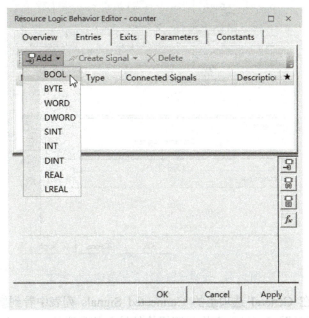

图5-43　逻辑块添加输入信号变量

此时工具栏下方输入信号变量列表中会出现新增的信号变量，默认名字为entry1。在输入信号变量列表的Name栏中，单击该信号变量的名称，然后将该名称修改为parta_input1（见图5-44）。

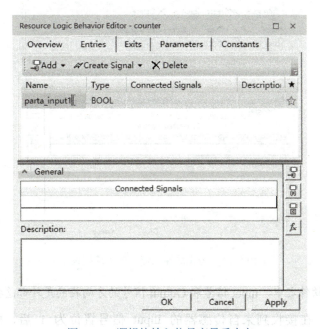

图5-44　逻辑块输入信号变量重命名

逻辑块的输入信号变量需要与外部总控PLC的Output信号相连接，单击选中输入信号变量列表中的parta_input1信号变量，然后单击工具栏中的Create Signal，选择Output类型的信号进行创建（见图5-45）。

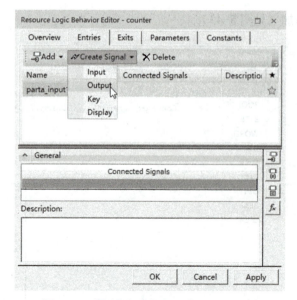

图 5-45　逻辑块创建外部互连 Output 信号

创建完毕后可以在 General 选项组的 Connected Signals 列表中看到新创建的外部互连信号 counter_parta_input1（见图 5-46），它将与逻辑块的输入信号变量 parta_input1 互连。该信号会同时作为外部总控 PLC 的 Output 信号列入 Signal Viewer 窗口的信号列表中。

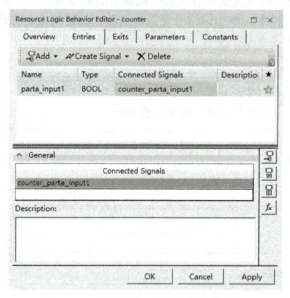

图 5-46　逻辑块输入信号变量连接设定

小贴士：在 PS 软件之中，Input 信号和 Output 信号的方向指的是外部总控 PLC 信号的方向。

外部总控 PLC 在接收到来自传感器的 Input 信号置位为 1 后，即可将 Output 信号 counter_parta_input1 置 1 输出给 PS 软件中逻辑块的输入信号变量 parta_input1。本书案例在本项目任务中还未连接 PLC 运行，为方便验证逻辑块的功能，可以单击 General 选项组的 Connected Signals 列表中 counter_parta_input1 信号所在的行，使其背景变为绿色，再到 Signal Viewer 窗口中单击 proximity_sensor1 信号作为输入，替换原先创建使用的 counter_parta_input1

信号（见图 5-47）。此处使用的 proximity_sensor1 信号是上盖 parta 的来料检测信号，因此可以对上盖 parta 进行来料计数。

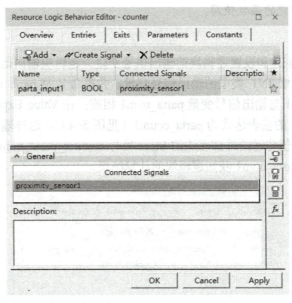

图 5-47　逻辑块输入信号变量连接更改

（3）Parameters 选项卡

Parameters 选项卡用于逻辑块内部变量的定义和运算。单击工具栏中的 Add，选择 INT 类型的参数变量进行添加，并在工具栏下方的参数变量列表中将新增的参数变量重命名为 parta_count1，然后在 Value Expression 文本框内输入参数变量 parta_count1 的值表达式为 parta_count1+RE(parta_input1)（见图 5-48）。其中 RE（X）为取信号变量上升沿函数，每当输入信号变量 parta_input1 由 0 到 1 跳变时，变量 parta_count1 的值都会自动加 1。

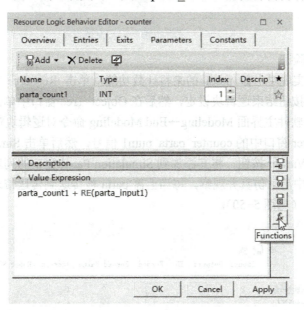

图 5-48　逻辑块计数功能实现

小贴士：逻辑块中填写值表达式 Value Expression 时，可以填写常数、数值运算式、逻辑运算式、函数表达式或它们的组合。单击 Value Expression 文本框右侧的 Functions 按钮可以根据需要选择各种不同功能的函数使用。

（4）Exits 选项卡

Exits 选项卡用于创建和设置逻辑块的输出信号变量。逻辑块输出信号变量的设定与输入信号变量的设定相似，新增 INT 类型的输出信号变量，并重命名为 parta_num1；创建 Input 类型信号 counter_parta_num1 与输出信号变量 parta_num1 相连；在 Value Expression 文本框内输入输出信号变量 parta_num1 的值表达式为 parta_count1（见图 5-49）。这样输出信号变量 parta_num1 可以将逻辑块所计算的值传递给外部互连的 Input 信号 counter_parta_num1，外部总控 PLC 将通过 Input 信号 counter_parta_num1 获知逻辑块的计算结果。

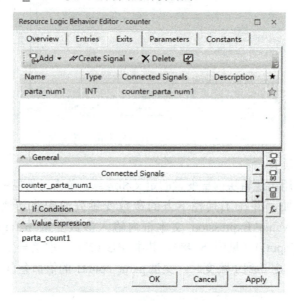

图 5-49　逻辑块输出信号变量设定

（5）逻辑块功能验证

至此，逻辑块已实现对上盖 parta 的来料计数功能，单击 Resource Logic Behavior Editor-counter 对话框的 OK 按钮结束逻辑块设定，然后在 Object Tree 窗口中单击选中该逻辑块所对应的节点 counter，选择软件主界面 Modeling→End Modeling 命令对逻辑块资源进行保存。

单击 Signal Viewer 窗口中的 counter_parta_num1 信号，然后单击 Simulation Panel 窗口工具栏中的 Add Signal to Viewer 按钮，将其添加到 Simulation Panel 窗口的列表中进行监控，然后在 Sequence Editor 窗口中启动仿真并观察，每当上盖 parta 被传送到传送带末端后，counter_parta_num1 信号的值会加 1（见图 5-50）。

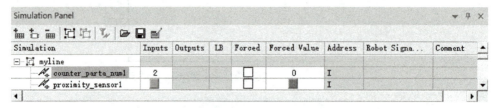

图 5-50　逻辑块互连信号监控

小贴士：如果需要对逻辑块的内部信号进行监控，可以单击 Simulation Panel 窗口工具栏中的 Add LB to Viewer 按钮，在弹出的 Add LB Elements 对话框中选择所需监控的逻辑块，将其添加到 Simulation Panel 窗口中，以便对该逻辑块的所有内部信号进行监控。

2．逻辑块的编辑与修改

在 Object Tree 窗口中单击选中逻辑块节点 counter，单击选择软件主界面 Modeling→Set Modeling 命令，使逻辑块 counter 进入编辑状态；然后单击选择软件主界面 Control→Edit Logic Resource 命令，在弹出的 Resource Logic Behavior Editor-counter 对话框中对逻辑块进行修改，以实现对下盖 partb 和芯柱 partc 的来料计数。其实现过程和方法与对上盖来料计数相同，这里不再赘述，修改后的逻辑块如图 5-51 所示。

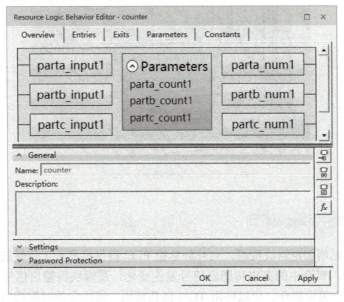

图 5-51　逻辑块来料计数设定概览

逻辑块编辑修改完成后，在 Object Tree 窗口中单击选中该逻辑块后，单击选择软件主界面 Modeling→End Modeling 命令对逻辑块资源进行保存。

小贴士：如果需要对来料总数进行统计，可以在逻辑块内新增一个输出信号变量，其值表达式设定为三种物料计数值之和。

技能实训 5.4　智能生产线工艺流程信号处理

5.4.1　工作站传感器创建

在生产线适当的位置添加传感器可以监控生产线工艺流程的进展，比如在料仓处检测物料可以获知机器人工作站级的进程。

1. 装配工作站操作完成检测

根据工艺流程的设计，当机器人装配工作站的工艺流程完成时，物料零件应组合在一起放在下盖仓位中。在合适的位置新增光电传感器，用以检测下盖仓位中是否存在上盖零件。如果存在，则代表机器人装配工作站的装配工艺操作已完成。

2. 喷涂工作站操作完成检测

根据工艺流程的设计，当机器人喷涂工作站的工艺流程完成时，物料零件应组合在一起放在上盖仓位中。在合适的位置新增光电传感器，用以检测上盖仓位中是否存在下盖零件。如果存在，则代表机器人喷涂工作站的喷涂工艺操作已完成。注意需要调整原有光电传感器 light_sensor1 的位姿，使其能够保持检测到入库后的上盖零件（见图 5-52）。

图 5-52　光电传感器位姿调整

5.4.2　工作站逻辑块编写

为机器人工作站增加逻辑块资源，向外部总控 PLC 提供机器人工作站的工作状态。物料加工完毕被送入料仓，料仓中的光电传感器信号发生变化，逻辑块将输出信号变量置 1。考虑到此时机器人还未完全退出料仓，可以使用 TON 函数延迟一段指定的时间后再将输出信号变量置 1，如图 5-53 所示。其中延迟时间常量 delay 可以在逻辑块的 Constants 选项卡中添加并设置大小（见图 5-54），单位为 s。

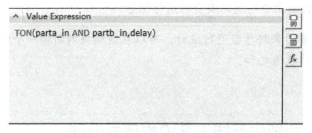

图 5-53　逻辑块中 TON 函数的使用

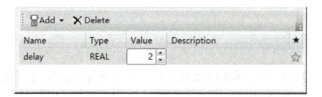

图 5-54　逻辑块中常量的设定

1. 装配工艺操作完成逻辑编写

在机器人装配工作站内新增逻辑块资源，创建外部总控 PLC 信号与之相连。该逻辑块对料仓中的光电传感器检测信号进行逻辑分析，当物料装配完成入库时，将输出信号变量置为 1，否则置为 0。

2. 喷涂工艺操作完成逻辑编写

在机器人喷涂工作站内新增逻辑块资源，创建外部总控 PLC 信号与之相连。该逻辑块对料仓中的光电传感器检测信号进行逻辑分析，当物料喷涂完成入库时，将输出信号变量置为 1，否则置为 0。

5.4.3 生产线工艺流程信号条件设定

1. 喷涂工作站启动条件设定

更改机器人喷涂工作站的启动条件，运用与机器人装配工作站逻辑块互连的外部总控 PLC 信号启动机器人喷涂工作站工作。

2. 旋转料仓复位操作启动设定

更改旋转料仓复位工艺操作 goto_home 的启动条件，运用与机器人喷涂工作站逻辑块互连的外部总控 PLC 信号驱动旋转料仓回归原位。

【实训考核评价】

根据学生的实训完成情况给予客观评价，见表 5-1。

表 5-1 实训考核评价

考核内容	配分	考核标准	得分
传感器设定	20	正确创建传感器 传感器设置合理 传感器能正确检测到待测对象	
装配站逻辑块编写	30	正确创建逻辑块 根据逻辑功能合理规划输入/输出信号变量 正确实现逻辑功能	
喷涂站逻辑块编写	30	正确创建逻辑块 根据逻辑功能合理规划输入/输出信号变量 正确实现逻辑功能	
工艺流程条件设定	20	正确连接相关工艺操作 正确设置工艺操作启动条件 工艺操作执行顺序正确	
合 计			

素养小栏目

建设中国特色的社会主义，不仅要对马克思主义基本原理和运用条件融会贯通，还要对中国实际和中华优秀传统文化了然于胸。我们在机械制造及自动化专业的背景下学习生产线工艺流程规划仿真，不仅要对设备工艺操作本身的规划和仿真了如指掌，还要对电气控制技术的运用做到灵活自如、触类旁通，这是生产线工艺流程规划仿真获得成功的最大法宝。

项目 6 智能生产线工艺过程信号交互

📖【项目引入】

智能制造生产线中的生产设备能够获取信息、处理信息和输出信息，是智能制造对制造装备的基本要求。在生产工艺流程运转中，生产设备在什么情况下发生动作、如何动作、动作的情况如何，都需要信息的传递和处理。在 PS 软件中对生产线设备资源进行智能组件定义之后，生产线中的所有生产设备能够在信号交互中协同工作，完成生产工艺流程，从而实现生产线的智能化控制。

📖【学习目标】

1) 了解智能生产线设备信号交互过程。
2) 掌握智能组件的定义和使用方法。
3) 掌握智能组件之间如何交互协同工作。

任务 6.1 生产线设备智能组件的定义

智能组件的定义实际上是将逻辑块添加到生产设备资源中，将逻辑信号与设备动作相关联。逻辑块可以根据所接收的外部控制信号去使能设备执行相关动作，并感知设备的运行状态输出相应的反馈信号。智能组件的定义与逻辑块的定义十分相似，不同的是智能组件会多出 Actions 选项卡用于将信号与动作关联，并且在 Parameters 选项组中可以添加传感器变量以获取设备动作状态。

码 6-1 旋转料仓的智能组件定义

6.1.1 旋转料仓的智能组件定义

将旋转料仓定义成智能组件的目的是使旋转料仓在逻辑信号的控制下运动到指定姿态。PS 软件对于这种典型的智能组件定义场合提供了向导以帮助用户快速完成定义。

1. 智能组件自动定义

单击选中 Object Tree 窗口中的 Resource 节点下的旋转料仓节点 roundstock，单击选择软件主界面 Modeling→Set Modeling 命令使其进入编辑状态，然后选择软件主界面 Control→Create LB Pose Action and Sensors 命令，在弹出的 Automatic Pose Action/Sensors 对话框中单击复选框旋转料仓节点的所有姿态，最后单击对话框的 OK 按钮，即可初步完成旋转料仓的智能组件定义（见图 6-1）。

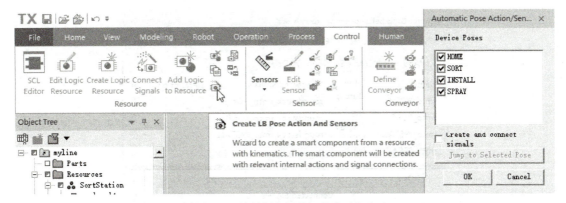

图 6-1　旋转料仓智能组件自动定义

保持旋转料仓处于选中状态，单击选择软件主界面 Control→Edit Logic Resource 命令，在弹出的 Resource Logic Behavior Editor-roundstock 对话框中可以观察到旋转料仓的智能组件定义情况，PS 软件已分别为旋转料仓的所有姿态定义好控制输入信号变量和状态输出信号变量（见图 6-2），其中名称以 rmtp_开头的信号变量为控制输入信号变量，名称以 at_开头的信号变量为状态输出信号变量。旋转料仓的控制输入信号变量驱动旋转料仓运动到指定的姿态，同时旋转料仓的状态输出信号变量指示旋转料仓是否到达指定姿态。

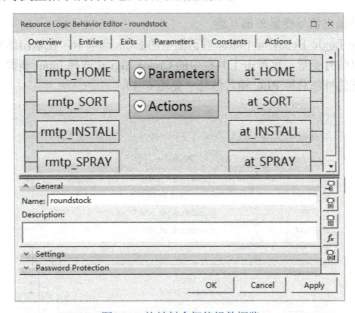

图 6-2　旋转料仓智能组件概览

2．智能组件外部互连信号设定

（1）智能组件输入信号变量外部互连

单击 Resource Logic Behavior Editor-roundstock 对话框中的 Entries 选项卡，在输入信号变量列表中分别单击选中每个输入信号变量，再单击工具栏中的 Create Signal 选择 Output 类型，为每个输入信号变量创建与之互连的外部总控 PLC 输出信号（见图 6-3）。

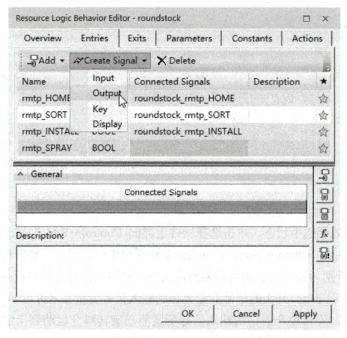

图 6-3　旋转料仓输入信号变量外部互连

（2）智能组件输出信号变量外部互连

单击 Resource Logic Behavior Editor 对话框中的 Exits 选项卡，在输出信号变量列表中分别单击选中每个输出信号变量，再单击工具栏中的 Create Signal 选择 Input 类型，为每个输出信号变量创建与之互连的外部总控 PLC 输入信号（见图 6-4）。

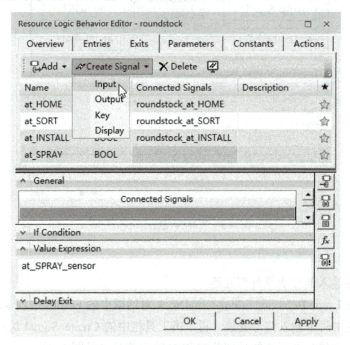

图 6-4　旋转料仓输出信号外部互连

旋转料仓智能组件外部互连信号设定完毕后，即可单击 Resource Logic Behavior Editor-roundstock 对话框的 OK 按钮结束其智能组件设定。最后在 Object Tree 窗口或 Graphic Viewer 窗口中单击选中旋转料仓 roundstock，选择软件主界面 Modeling→End Modeling 命令结束旋转料仓 roundstock 的编辑。

3. 智能组件仿真验证

为方便验证智能组件的工作情况，可以暂时将 SortStation 复合工艺操作的启动信号条件修改为 0，使得生产线所有工艺操作暂时都无法启动运行（见图 6-5）。

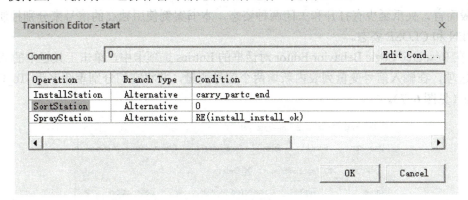

图 6-5　暂停所有工艺操作的启动

在 Signal Viewer 窗口中选择所有与旋转料仓互连的输入/输出信号，将它们加入到 Simulation Panel 窗口中（见图 6-6），然后在 Sequence Editor 窗口中启动仿真。

如图 6-6 所示，在 Simulation Panel 窗口中，当某一个输出类型的旋转料仓控制信号强制置 1 后，即可在 Graphic Viewer 窗口中观察到旋转料仓的动作；当旋转料仓到达指定姿态时，对应输入类型的旋转料仓状态信号会立即置 1。

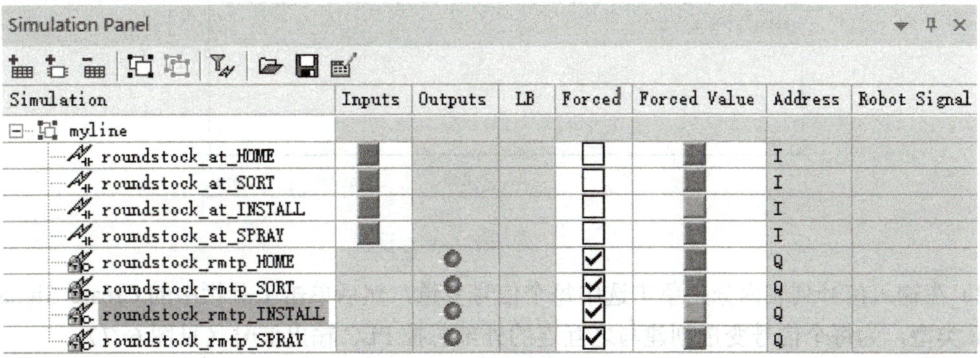

图 6-6　旋转料仓智能组件仿真

小贴士：通过自动方式定义的智能组件，默认情况下与外部互连的控制信号需要一直保持为 1，直到设备到达目标姿态，一旦控制信号为 0，设备动作立即停止。如果需要使用控制信号的上升沿来持续使能设备动作，还需要用户自行修改智能组件定义。

码 6-2　机器人夹爪的智能组件定义

6.1.2　机器人夹爪的智能组件定义

机器人夹爪的智能组件定义涉及控制信号的互锁、保持，夹取对象的绑定与解绑等问题，这里采用手动添加自定义逻辑资源的方式为机器人夹爪定义智能组件。

单击选中 Object Tree 窗口中的 Resource 节点下的夹爪 gripper1，单击选择软件主界面 Modeling→Set Modeling 命令使其进入编辑状态，然后单击选择软件主界面 Control→Add Logic to Resource 命令，此时会弹出熟悉的 Resource Logic Behavior Editor 对话框，而对话框中的内容是空的，需要用户自行设定。

1. 输入信号设置

一般而言，夹爪至少有打开和关闭两种姿态，本书案例使用独立的信号来分别控制夹爪运动到 OPEN 和 CLOSE 姿态。

1) 在 Resource Logic Behavior Editor 对话框的 Entries 选项卡中，单击工具栏中的 Add 选择 BOOL 选项，在输入信号变量列表内新增两个信号变量，并将它们分别重命名为 To_Close 和 To_Open（见图 6-7）。

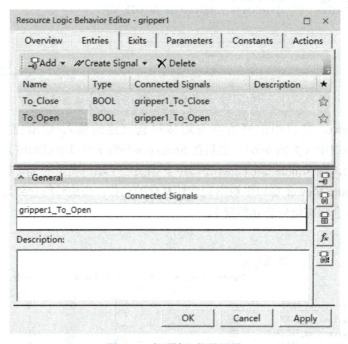

图 6-7　夹爪输入信号设置

2) 在输入信号列表内分别单击选中每个信号变量，然后单击工具栏中的 Create Signal 选择 Output 类型，为每个信号变量创建与之互连的外部总控 PLC 输出信号（见图 6-7）。

2. 参数变量设置

（1）关节值传感器设定

1) 创建关节值传感器变量。在 Resource Logic Behavior Editor-gripper1 对话框的 Parameters 选项卡中，单击工具栏中的 Add 按钮，选择 Joint Value Sensor 选项，在参数变量列表内新增关节值传感器变量，并将该关节值传感器变量重命名为 jvs_Close，用于检测夹爪是否处于 CLOSE 姿态（见图 6-8）。该关节值传感器变量为 BOOL 类型，当设备到达指定目标状态时其值为 1，否则为 0。

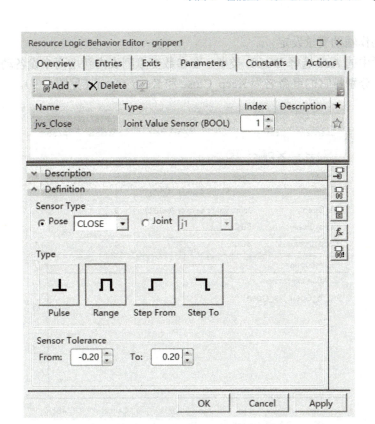

图 6-8　夹爪姿态检测传感器变量设定

2）定义关节值传感器类型。如图 6-8 所示，在 Definition 选项区的 Sensor Type 选项组中有两个选项，如果选择 Joint 单选按钮，则传感器检测设备单轴的轴值是否到达目标值；如果选择 Pose 单选按钮，并在其对应的下拉列表框中选择所要检测的目标姿态，则传感器检测设备姿态是否到达目标姿态。此处单击 Pose 单选按钮并选择 CLOSE 姿态即可。

3）定义关节值传感器检测方式。如图 6-8 所示，在 Definition 选项区的 Type 选项组中有 4 种检测方式可选。

① Pulse 类型检测方式，需要设备实际姿态与目标姿态相同时，关节值传感器变量才能为 1，对应 Sensor Tolerance 选项组中所需设定的 Value 值为目标姿态的偏移值。

② Range 类型检测方式，需要设备实际姿态与目标姿态之间的误差在一定范围内时，关节值传感器变量才能为 1，对应 Sensor Tolerance 选项组中所需设定的 From 值和 To 值为该误差范围的上下极限值。

③ Step From 类型检测方式，需要设备实际姿态与目标姿态之间的距离大于一个代数值，关节值传感器变量才能为 1，对应 Sensor Tolerance 选项组中所需设定的 From 值即为该距离的最小代数值。

④ Step To 类型检测方式，需要设备实际姿态与目标姿态之间的距离小于一个代数值，关节值传感器变量才能为 1，对应 Sensor Tolerance 选项组中所需设定的 To 值即为该距离的最大代数值。

此处单击选择 Type 选项组中的 Range 类型检测方式，对应 Sensor Tolerance 选项组中误差范围的 From 值和 To 值分别设为-0.2 和+0.2。

同理，新增并设定关节值传感器变量 jvs_Open 用于检测夹爪是否处于 OPEN 姿态。

（2）设备动作辅助变量设定

单击工具栏中的 Add 选择 BOOL 类型，在参数变量列表内新增两个设备动作辅助变量用于设备动作使能，分别将它们重命名为 Keep_Close 和 Keep_Open（见图 6-9）。

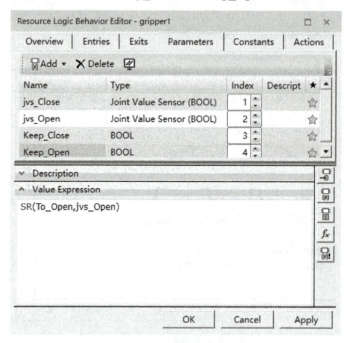

图 6-9 夹爪动作辅助变量设定

在参数变量列表内分别单击选中 Keep_Close 和 Keep_Open 参数变量，然后在其所对应的 Value Expression 文本框中，分别输入 SR（To_Close，jvs_Close）和 SR（To_Open，jvs_Open）（见图 6-9）。

当输入信号变量 To_Close 或 To_Open 出现上升沿变化时，SR 函数的值立即置 1 并保持，以使能夹爪向指定的姿态持续运动；当夹爪到达指定的姿态，关节值传感器变量 jvs_Close 或 jvs_Open 出现上升沿变化时，SR 函数的值立即清 0 并保持，以停止设备动作。

3. 设备动作变量设置

在 Resource Logic Behavior Editor-gripper1 对话框的 Actions 选项卡中，单击工具栏中的 Add，需要选择合适的动作类型以创建设备动作变量（见图 6-10）。

Move Joint 动作类型是控制指定的单轴以指定的速度运动。
Move To Pose 动作类型是控制设备以指定的速度运动到指定姿态。
Jump Joint 动作类型是控制指定的单轴跳转到指定的轴值。
Joint Velocity Controlled 动作类型是控制指定的单轴以指定的加减速度改变自身运动速度。
Joint Acceleration Controlled 动作类型是控制指定的单轴以指定的加减速度运动。
Move Joint To Value 动作类型是控制指定的单轴以指定的加减速度、速度运动到指定轴值。
Grip 动作类型是将目标对象与指定的 Frame 点相绑定。
Release 动作类型是解除目标对象与指定的 Frame 点之间的绑定关系。
其中 Grip 和 Release 动作变量仅适用于被定义为 Gripper 的设备。各种动作类型的变量均为使能该动作的布尔型变量，有效值为 1，如果为 0 时则立即停止当前动作。

项目 6　智能生产线工艺过程信号交互

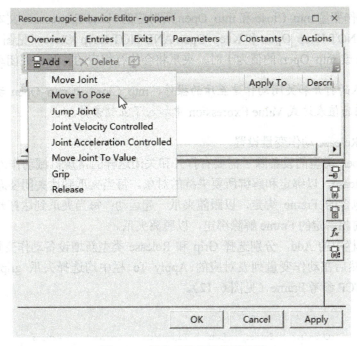

图 6-10　设备动作变量类型选择

（1）Move To Pose 动作变量设置

1）单击工具栏中的 Add 选择 Move To Pose 类型，分别创建两个设备动作变量 mtp_Close 和 mtp_Open，然后在动作变量列表对应的 Apply To 栏中分别选择该设备动作对应的目标姿态 CLOSE 和 OPEN（见图 6-11）。

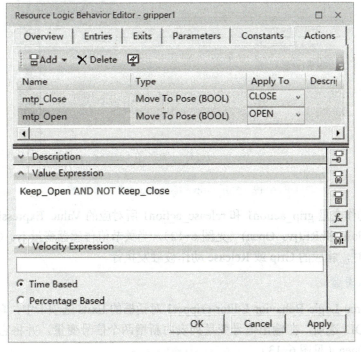

图 6-11　夹爪 Move To Pose 动作变量设置

2）在设备动作变量 mtp_Close 和 mtp_Open 所对应的 Value Expression 文本框中，分别输入 Keep_Close AND NOT Keep_Open 和 Keep_Open AND NOT Keep_Close（见图 6-11）。当设备动作变量 mtp_Close 或 mtp_Open 的值为 1 时，夹爪将会执行相应的打开或关闭动作。

小贴士：夹爪的打开和关闭动作是互斥的操作，mtp_Close 和 mtp_Open 动作变量不能同时为 1，因此在它们的值表达式 Value Expression 中加入了互锁条件。

(2) Grip 和 Release 动作变量设置

定义为 Gripper 类型的设备除了需要有打开和关闭这样的常规机械动作外，还需要有专属动作 Grip 和 Release，以绑定和解绑所要夹持的对象。每当夹爪到达关闭姿态时，被夹持的目标需要与夹爪所包含的 Frame 绑定，以跟随夹爪一起运动；每当夹爪到达打开姿态时，被夹持的目标需要与之前相绑定的 Frame 解除绑定，以脱离夹爪。

1）单击工具栏中的 Add，分别选择 Grip 和 Release 类型新增设备动作变量 grip_action1 和 release_action1，然后在动作变量列表对应的 Apply To 栏中均选择夹爪 gripper1 中所包含的 toolref 即夹爪的 TCP 参考 Frame（见图 6-12）。

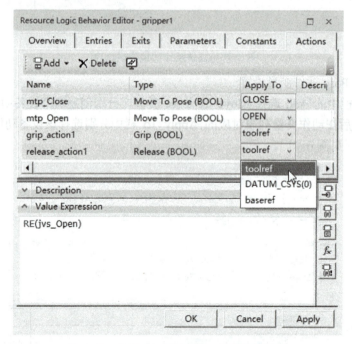

图 6-12　夹爪 Grip 和 Release 动作变量设置

2）在设备动作变量 grip_action1 和 release_action1 所对应的 Value Expression 文本框中，分别输入 RE(jvs_Close)和 RE(jvs_Open)（见图 6-12）。当关节值传感器变量 jvs_Close 或 jvs_Open 出现上升沿变化时，相应的 Grip 或 Release 动作被触发执行。

4．输出信号设置

1）在 Resource Logic Behavior Editor-gripper1 对话框的 Exits 选项卡中，单击工具栏中 Add 按钮，选择 BOOL 选项，在输出信号变量列表内新增两个信号变量，并将它们分别重命名为 At_Close 和 At_Open（见图 6-13）。

项目 6　智能生产线工艺过程信号交互

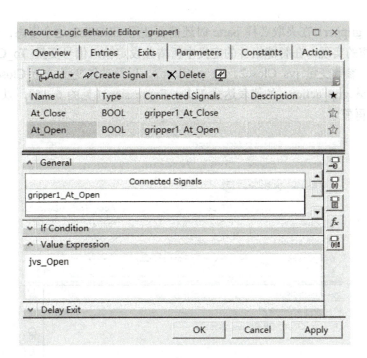

图 6-13　夹爪输出信号设置

2）在输出信号变量列表内分别单击选中每个信号变量，然后单击工具栏中的 Create Signal 选择 Input 类型，为每个信号变量创建与之互连的外部总控 PLC 输入信号（见图 6-13）。

3）在输出信号变量 At_Close 和 At_Open 所对应的 Value Expression 文本框中，分别输入 jvs_Close 和 jvs_Open（见图 6-13）。当夹爪到达关闭或打开姿态时，At_Close 或 At_Open 将会置 1。

5．仿真验证

单击 Resource Logic Behavior Editor-gripper1 对话框的 OK 按钮结束夹爪 gripper1 的智能组件定义。在 Signal Viewer 窗口中选择所有与夹爪 gripper1 互连的输入输出信号，将它们加入到 Simulation Panel 窗口中（见图 6-14）。

在所有工艺操作不启动运行的情况下在 Sequence Editor 窗口中启动仿真。在 Simulation Panel 窗口中强制 gripper1_To_Close 或 gripper1_To_Open 信号为 1 后，即可在 Graphic Viewer 窗口中观察到夹爪 gripper1 的动作。当夹爪 gripper1 到达指定姿态时，对应的状态信号会置 1（见图 6-14）。

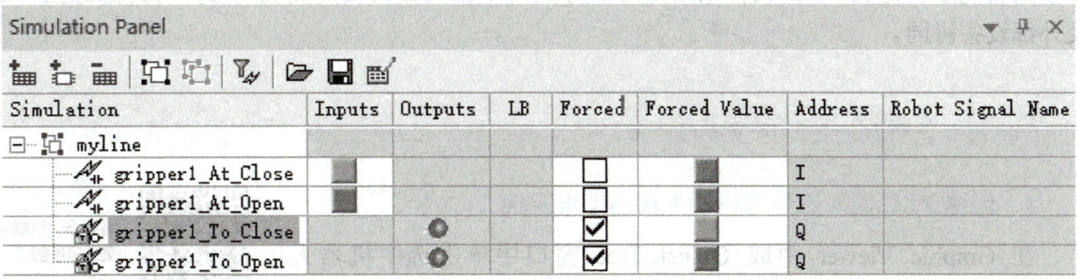

图 6-14　夹爪智能组件仿真

考虑到夹爪 gripper1 在夹取芯柱 partc 时还需要使用 CLOSE2 这个姿态，类似于 OPEN 或 CLOSE 姿态动作的实现，在智能组件的定义中新增并设定输入信号变量 To_Close2、输出信号变量 At_Close2，参数变量 jvs_Close2、Keep_Close2，以及动作变量 mtp_Close2 等，同时还要注意修改动作变量 grip_action1 的值表达式 Value Expression（见图 6-15），以实现 CLOSE2 姿态动作，这里不再赘述。

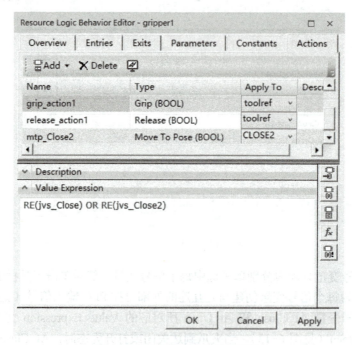

图 6-15 夹爪绑定动作条件修改

至此，夹爪的智能组件定义设定成功，单击 Resource Logic Behavior Editor 对话框的 OK 按钮结束夹爪智能组件设定。最后在 Object Tree 窗口或 Graphic Viewer 窗口中单击选中夹爪 gripper1，单击选择软件主界面 Modeling→End Modeling 命令结束夹爪 gripper1 的编辑。

任务 6.2　机器人交互信号协同

在智能制造生产线中，工业机器人得到广泛的运用。工业机器人自带控制器，不同于普通设备的智能组件定义，PS 软件采用专用的方式为工业机器人设定交互信号并与外部总控 PLC 及外部设备协同。

6.2.1　机器人交互信号的创建

1. 创建 PLC 输入信号与机器人输出信号互连

码 6-3　机器人交互信号创建

在 Graphic Viewer 中或 Object Tree 窗口中单击选中机器人 robot1，然后单击选择软件主界面 Control→Robot Signals 命令，弹出 Robot Signals-"robot1" 对话框（见图 6-16）。

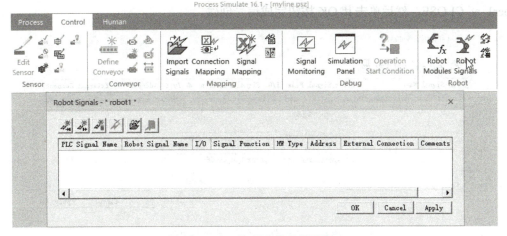

图 6-16 打开机器人信号设置窗口

单击 Robot Signals-"robot1"对话框工具栏上的 New Input Signal 按钮,弹出 Input Signal 对话框(见图 6-17),Input Signal 对话框中的 PLC Signal Name 文本框用于为新建的外部总控 PLC 输入信号命名,Robot Signal Name 文本框用于为新建的机器人输出信号命名,这对新建的 PLC 输入信号和机器人输出信号在电气逻辑上互连。在 Input Signal 对话框的 PLC Signal Name 文本框中输入 robot1_gripper1_to_CLOSE,Robot Signal Name 文本框中输入 gripper1_to_CLOSE,然后单击 OK 按钮完成信号创建。

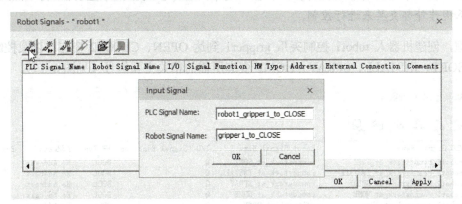

图 6-17 机器人互连输入信号创建

当机器人将输出信号 gripper1_to_CLOSE 置 1,请求将夹爪 gripper1 驱动到 CLOSE 姿态时,外部总控 PLC 与机器人互连的 Input 信号 robot1_gripper1_to_CLOSE 同时也为 1。外部总控 PLC 收到该 Input 信号为 1 后,将与夹爪互连的 Output 信号 gripper1_To_Close 置 1,从而驱动夹爪 gripper1 运动到 CLOSE 姿态。

2. 创建 PLC 输出信号与机器人输入信号互连

单击 Robot Signals-"robot1"对话框工具栏上的 New Output Signal 按钮,弹出 Output Signal 对话框(见图 6-18),Output Signal 对话框中的 PLC Signal Name 文本框用于为新建的外部总控 PLC 输出信号命名,Robot Signal Name 文本框用于为新建的机器人输入信号命名,这对新建的 PLC 输出信号和机器人输入信号在电气逻辑上互连。在 Output Signal 对话框的 PLC Signal Name 文本框中输入 robot1_gripper1_at_CLOSE,Robot Signal Name 文本框中输入

gripper1_at_CLOSE，然后单击其 OK 按钮完成信号创建。

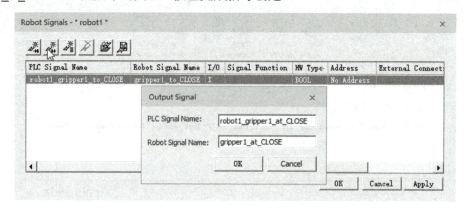

图 6-18　机器人互连输出信号创建

当夹爪 gripper1 运动到 CLOSE 姿态时，外部总控 PLC 与夹爪 gripper1 互连的 Input 信号 gripper1_At_Close 被置 1。外部总控 PLC 收到该 Input 信号为 1 后，将与机器人互连的 Output 信号 robot1_gripper1_at_CLOSE 置 1，机器人输入信号 gripper1_at_CLOSE 同时也变为 1，机器人从而获知夹爪 gripper1 到达 CLOSE 姿态。

小贴士：对于外部设备，机器人一般通过与外部总控 PLC 之间的信号交互来进行控制；对于安装在机器人本体上的末端执行器，机器人通常用自身控制器信号直接控制。本书案例将机器人夹爪视作外部夹具来进行控制。

同理，创建机器人 robot1 控制夹爪 gripper1 到达 OPEN、CLOSE2 姿态，以及控制旋转料仓到达 SORT、INSTALL、SPRAY、HOME 姿态所需的相关交互信号（见图 6-19）。

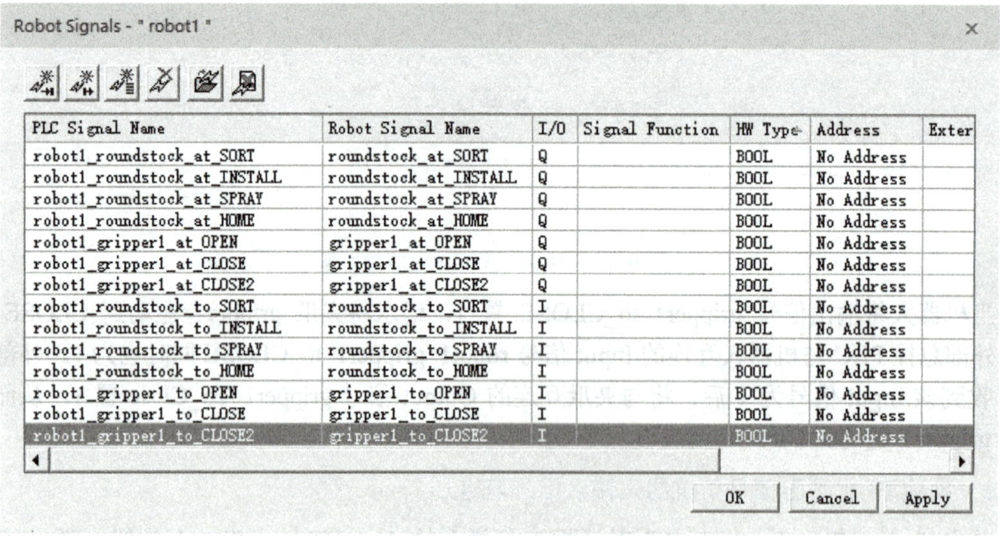

图 6-19　机器人控制外部设备互连信号

3. 创建机器人默认信号与 PLC 互连

在实际的智能制造生产线中，工业机器人自身控制器的功能运转也需要与外部总控 PLC 进行信号交互。PS 软件提供了机器人控制器默认交互信号，单击 Robot Signals-"robot1"对话框工具栏上的 Create Default Signals 按钮，即可生成这些默认交互信号（见图 6-20）。

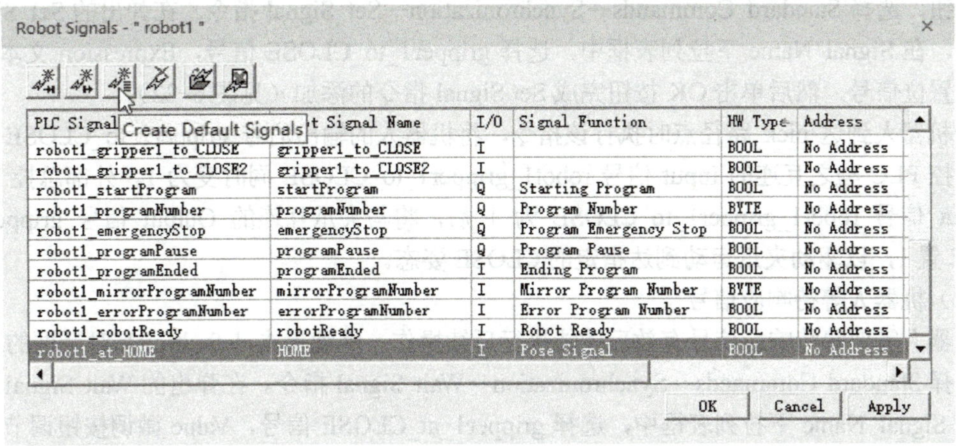

PLC Signal	Robot Signal Name	I/O	Signal Function	HW Type	Address
robot1_gripper1_to_CLOSE	gripper1_to_CLOSE	I		BOOL	No Address
robot1_gripper1_to_CLOSE2	gripper1_to_CLOSE2	I		BOOL	No Address
robot1_startProgram	startProgram	Q	Starting Program	BOOL	No Address
robot1_programNumber	programNumber	Q	Program Number	BYTE	No Address
robot1_emergencyStop	emergencyStop	Q	Program Emergency Stop	BOOL	No Address
robot1_programPause	programPause	Q	Program Pause	BOOL	No Address
robot1_programEnded	programEnded	I	Ending Program	BOOL	No Address
robot1_mirrorProgramNumber	mirrorProgramNumber	I	Mirror Program Number	BYTE	No Address
robot1_errorProgramNumber	errorProgramNumber	I	Error Program Number	BOOL	No Address
robot1_robotReady	robotReady	I	Robot Ready	BOOL	No Address
robot1_at_HOME	HOME	I	Pose Signal	BOOL	No Address

图 6-20　机器人默认交互信号

创建完机器人所有交互信号后即可单击 Robot Signals-“robot1”对话框 OK 按钮关闭该对话框。

码 6-4　机器人与智能组件的协同

6.2.2　机器人与智能组件的协同

在之前的机器人仿真任务中，机器人运用虚拟的 Drive Device、Wait Device 等 OLP 命令与夹爪、旋转料仓等设备配合完成既定的工艺操作，而在实际的机器人操作中，机器人都是通过输入/输出交互信号完成既定的工艺操作。当夹爪、旋转料仓被定义为智能组件后，机器人仿真也可以运用 Set Signal 和 Wait Signal 等 OLP 同步命令与外部总控 PLC 进行信号交互，控制机器人外部的智能组件完成既定的工艺操作。

1. 加载机器人工艺操作

单击选中 Operation Tree 窗口中 SortStation 节点下的机器人工艺操作 carry_parta，再单击 Path Editor-robot1 窗口工具栏上的 Add Operations to Editor 按钮将其添加到 Path Editor-robot1 窗口中（见图 6-21）。

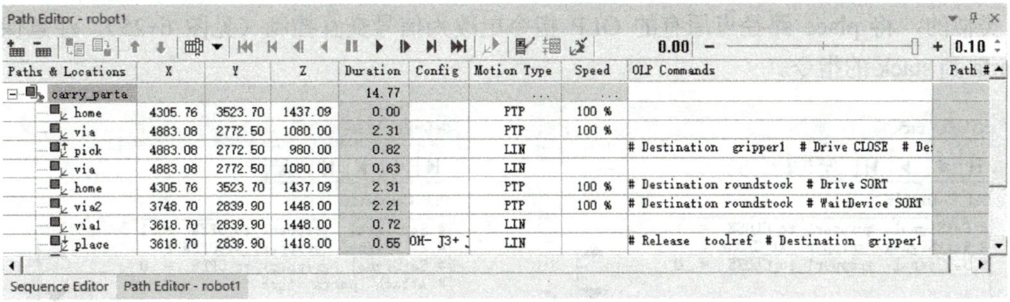

Paths & Locations	X	Y	Z	Duration	Config	Motion Type	Speed	OLP Commands	Path #
carry_parta				14.77		...	...		
home	4305.76	3523.70	1437.09	0.00		PTP	100 %		
via	4883.08	2772.50	1080.00	2.31		PTP	100 %		
pick	4883.08	2772.50	980.00	0.82		LIN		# Destination gripper1 # Drive CLOSE # De:	
via	4883.08	2772.50	1080.00	0.63		LIN			
home	4305.76	3523.70	1437.09	2.31		PTP	100 %	# Destination roundstock # Drive SORT	
via2	3748.70	2839.90	1448.00	2.21		PTP	100 %	# Destination roundstock # WaitDevice SORT	
via1	3618.70	2839.90	1448.00	0.72		LIN			
place	3618.70	2839.90	1418.00	0.55	OH- J3+ J	LIN		# Release toolref # Destination gripper1	

图 6-21　加载机器人工艺操作到 Path Editor-robot1 窗口

2. 机器人 OLP 同步命令信号交互

（1）机器人发出请求信号

在 Path Editor-robot1 窗口中单击 carry_parta 操作下 pick 路径点的 OLP Commands 参数栏，

在弹出的 default-pick 对话框中首先单击 Clear All 按钮，将原有的 OLP 指令清除，然后单击 Add 按钮，选择 Standard Commands→Synchronization→Set Signal 指令。在弹出的 Set Signal 对话框中，在 Signal Name 下拉列表框中，选择 gripper1_to_CLOSE 信号，Expression 文本框内输入 1 以置位信号，然后单击 OK 按钮完成 Set Signal 指令的添加（见图 6-22）。

当机器人到达 pick 路径点时执行该指令，将机器人的输出信号 gripper1_to_CLOSE 置 1，外部总控 PLC 与之互连的 Input 信号 robot1_gripper1_to_CLOSE 同时变为 1。外部总控 PLC 收到 Input 信号 robot1_gripper1_to_CLOSE 为 1 后，将与夹爪互连的 Output 信号 gripper1_To_CLOSE 置 1，以驱动夹爪运动到达指定的 CLOSE 姿态。

（2）机器人等待响应信号

机器人需要等待响应信号有效后才能执行后续操作。继续单击 default-pick 对话框的 Add 按钮，选择 Standard Commands→Synchronization→Wait Signal 指令。在弹出的 Wait Signal 对话框中，在 Signal Name 下拉列表框中，选择 gripper1_at_CLOSE 信号，Value 微调按钮调节为 1 以等待信号置位，然后单击 OK 按钮，完成 Wait Signal 指令的添加（见图 6-23）。

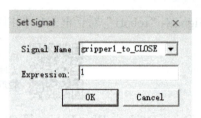

图 6-22　Set Signal 指令设定

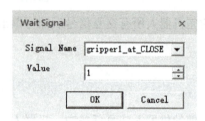

图 6-23　Wait Signal 指令设定

执行该 Wait Signal 命令时，机器人需要等到输入信号 gripper1_at_CLOSE 为 1 后才能执行后续操作。当夹爪运动到 CLOSE 姿态时，外部总控 PLC 与夹爪互连的 Input 信号 gripper1_At_Close 为 1，外部总控 PLC 获知夹爪运动已到 CLOSE 姿态，将与机器人互连的 Output 信号 Robot_gripper1_at_CLOSE 置 1 以通知机器人，机器人检测到对应的输入信号 gripper1_at_CLOSE 为 1，从而停止等待执行后续操作。

（3）机器人撤销请求信号

夹爪运动到 CLOSE 姿态后，机器人还需要使用 Set Signal 指令将 gripper1_to_CLOSE 信号清 0，最终完成机器人到达 pick 路径点时执行夹取动作的整个信号交互过程（见图 6-24）。

类似的，将 place 路径点原有的 OLP 指令更改为信号交互控制（见图 6-25），注意保留绑定 parta 到 stack 的指令。

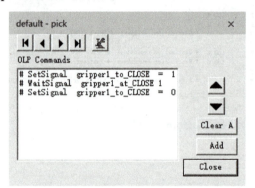

图 6-24　pick 路径点信号交互过程

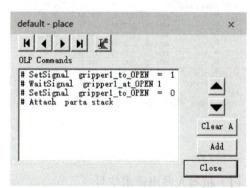

图 6-25　place 路径点信号交互过程

小贴士： 由于作为智能组件的夹爪已经在动作执行中自动实现了 Grip 或 Release 功能，机器人路径点 OLP 指令栏中原有的 Grip 或 Release 指令不再需要。

同理，机器人路径点 OLP 栏中对旋转料仓的驱动指令也可以改为信号交互控制（见图 6-26）。

图 6-26　机器人对旋转料仓的信号交互控制

在本书案例中，涉及机器人与智能组件协同工作的机器人工艺操作，均可以采用以上信号交互的方法实现，这里不再赘述。

任务 6.3　PLC 模块交互信号协同

机器人与智能组件的信号交互过程中，外部总控 PLC 也参与其中，起到了重要的桥梁作用。为方便在虚拟调试中进行信号交互处理，PS 软件内部提供了 PLC 模块来实现外部总控 PLC 的功能。

6.3.1　PLC 模块的创建与编程

> 码6-5　PLC模块的创建与编程

1. 创建 PLC 模块

1）单击软件主界面右侧的 Module Viewer 选项卡，打开隐藏的 Modules Viewer 窗口（见图 6-27），Modules Viewer 窗口中自带空的 PLC 程序模块 Main。

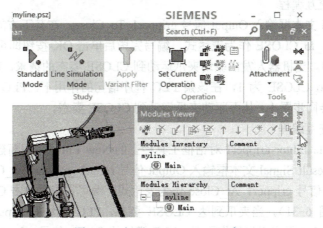

图 6-27　打开 Modules Viewer 窗口

2）单击 Modules Viewer 窗口工具栏中的 New Module Object 按钮新建 PLC 程序模块，在 Modules Viewer 窗口的 Modules Inventory 列表中可以看到新建的 Module 模块，将其重命名为 gripper1（见图 6-28）。

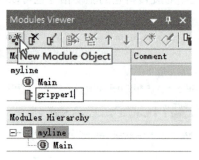

图 6-28　新建 PLC 程序模块

2. PLC 模块信号交互编程

双击 Modules Viewer 窗口 Modules Inventory 列表中的 gripper1 模块，在弹出 Module Editor-gripper1 对话框后，继续单击 Module Editor-gripper1 对话框工具栏上的 New Entry 按钮，然后在弹出的对话框中新建 PLC 程序语句（见图 6-29）。其中 Result Signal 文本框用于输入 PLC 程序语句的输出信号，Result Signal 文本框下方的文本框则用于填写 PLC 程序语句表达式。

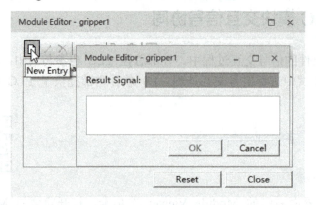

图 6-29　新建 PLC 程序语句

（1）控制信号交互编程

在 Result Signal 文本框输入 Output 信号 gripper1_To_Close，在其下方的文本框内输入 Input 信号 robot1_gripper1_to_CLOSE 作为表达式，编写完毕后单击 OK 按钮即可完成 PLC 程序语句的添加（见图 6-30）。当机器人发出驱动夹爪运动到 CLOSE 姿态的请求，PLC 模块的 Input 信号 robot1_gripper1_to_CLOSE 为 1，在该条 PLC 程序语句的作用下，PLC 模块的 Output 信号 gripper1_To_Close 会同步置 1，从而驱动夹爪运动到 CLOSE 姿态。

（2）状态信号交互编程

再次单击 Module Editor-gripper1 对话框工具栏上的 New Entry 按钮新建 PLC 程序语句。在弹出的对话框中，Result Signal 文本框输入 Output 信号 robot1_gripper1_at_CLOSE，在其下方的文本框内输入 Input 信号 gripper1_At_Close 作为表达式，编写完毕后单击 OK 按钮完成 PLC 程序语句的添加（见图 6-31）。当夹爪到达 CLOSE 姿态，PLC 模块的 Input 信号 gripper1_At_Close 为 1，在该条 PLC 程序语句的作用下，PLC 模块的 Output 信号 robot1_gripper1_at_CLOSE

会同步置 1，从而反馈夹爪的状态给机器人。

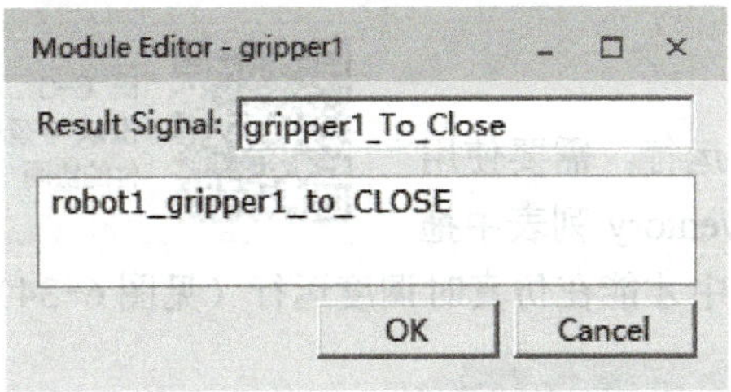

图 6-30　控制信号交互编程 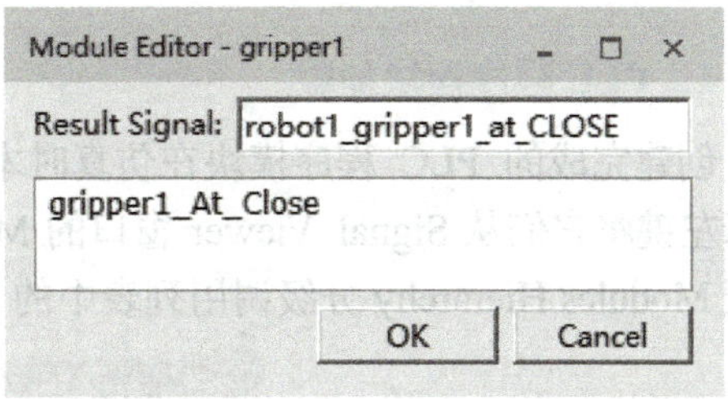　　　　　图 6-31　状态信号交互编程

同理，添加关于夹爪 gripper1 所有的信号交互程序语句（见图 6-32），最后单击 Module Editor-gripper1 对话框的 Close 按钮结束 gripper1 模块编程。

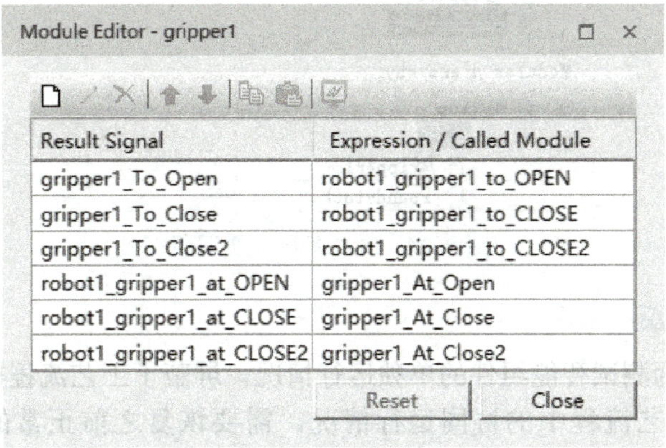

图 6-32　夹爪信号交互程序语句

小贴士：PLC 模块程序中用到的所有信号，均可以直接在 Signal Viewer 窗口中单击对应的信号作为输入。程序语句表达式可以是常数、信号、信号运算式、信号函数式或是它们的组合。

类似于 gripper1 模块的建立，再创建一个关于旋转料仓信号交互处理的 PLC 程序模块 roundstock（见图 6-33）。

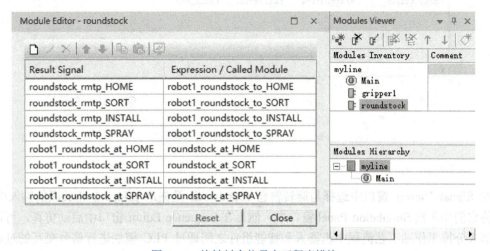

图 6-33　旋转料仓信号交互程序模块

6.3.2 PLC 模块与智能组件的协同

1. PLC 程序模块加载

码 6-6 PLC 模块与智能组件的协同

创建完成的 PLC 程序模块在仿真时本身并没有运行，需要使用鼠标左键将它们从 Signal Viewer 窗口的 Modules Inventory 列表中拖动到 Modules Hierarchy 分级调用列表中的 Main 模块中才能在仿真时调度运行（见图 6-34）。

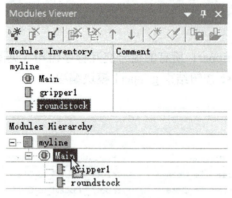

图 6-34 PLC 程序模块调用

2. 恢复工艺操作启动条件

在前面的任务中为测试智能组件的单独运行情况，屏蔽了工艺流程操作的启动条件，现在为测试智能组件在工艺流程中的协同运行情况，需要恢复之前正常的工艺操作启动条件。（见图 6-35）。

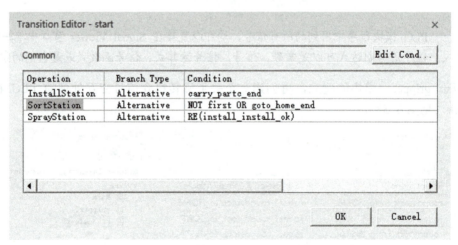

图 6-35 恢复工艺操作启动条件

3. 信号协同验证

在 Signal Viewer 窗口中选择与旋转料仓 roundstock 及夹爪 gripper1 相关联的输入/输出信号，将它们加入到 Simulation Panel 窗口中，然后在 Sequence Editor 窗口中启动仿真，可以观察在机器人分拣工作站工艺流程中机器人和智能组件之间通过 PLC 模块进行信号交互的过程（见图 6-36）。

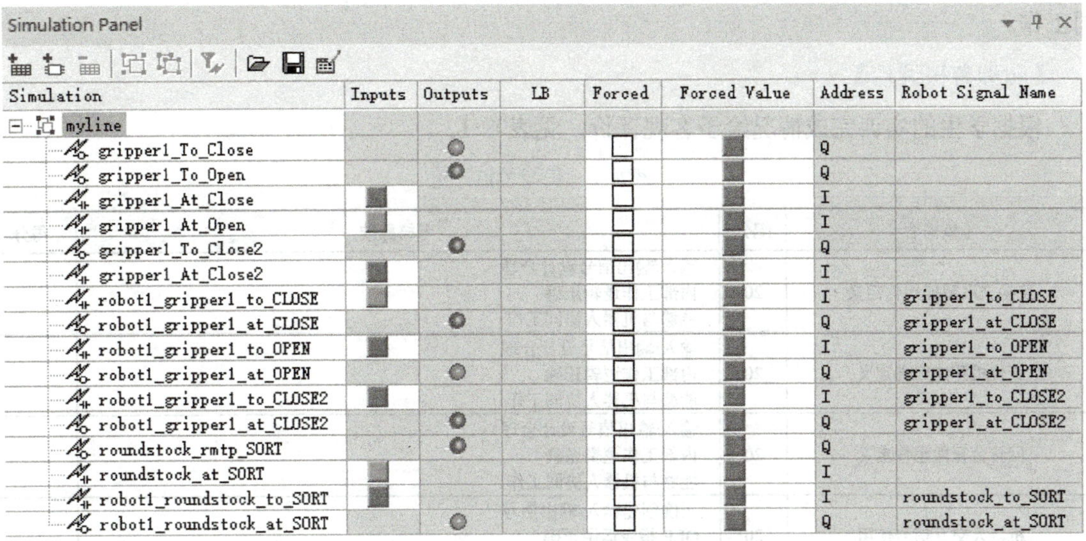

Simulation	Inputs	Outputs	LB	Forced	Forced Value	Address	Robot Signal Name
⊟ myline							
gripper1_To_Close		●		☐		Q	
gripper1_To_Open		●		☐		Q	
gripper1_At_Close	▓			☐		I	
gripper1_At_Open	▓			☐		I	
gripper1_To_Close2		●		☐		Q	
gripper1_At_Close2	▓			☐		I	
robot1_gripper1_to_CLOSE	▓			☐		I	gripper1_to_CLOSE
robot1_gripper1_at_CLOSE		●		☐		Q	gripper1_at_CLOSE
robot1_gripper1_to_OPEN	▓			☐		I	gripper1_to_OPEN
robot1_gripper1_at_OPEN		●		☐		Q	gripper1_at_OPEN
robot1_gripper1_to_CLOSE2	▓			☐		I	gripper1_to_CLOSE2
robot1_gripper1_at_CLOSE2		●		☐		Q	gripper1_at_CLOSE2
roundstock_rmtp_SORT		●		☐		Q	
roundstock_at_SORT	▓			☐		I	
robot1_roundstock_to_SORT	▓			☐		I	roundstock_to_SORT
robot1_roundstock_at_SORT		●		☐		Q	roundstock_at_SORT

图 6-36 工艺流程信号交互仿真

小贴士：加入 PLC 模块的仿真后，如果机器人因没完成上一个搬运操作而错过传送带末端传感器信号的跳变沿导致无法执行后续搬运操作，可以适当延长物料传送时间，或是将机器人搬运物料操作的启动条件由信号跳变沿触发更改为信号值触发。

技能实训 6.4　机器人工作站信号交互

6.4.1　涂胶工作站智能组件定义与信号协同

1）将快换夹爪 gripper2 定义为智能组件，在外部信号控制下可以松开和夹紧手爪。

2）将变位机 positioner 定义为智能组件，在外部信号控制下可以松开和夹紧其面板上的夹头。

3）为机器人 robot2 创建外部互连信号，在 OLP 指令中使用这些信号来控制夹爪 gripper2 和变位机 positioner 的松开和夹紧动作。

4）创建 PLC 模块并编程，实现机器人 robot2 与快换夹爪 gripper2 和变位机 positioner 的协同工作。

6.4.2　喷涂工作站智能组件定义与信号协同

1）将快换夹爪 gripper3 定义为智能组件，在外部信号控制下可以松开和夹紧手爪。

2）将喷涂回转台 brushtable 定义为智能组件，在外部信号控制下可以回归 HOME 位。

3）为机器人 robot3 创建外部互连信号，在 OLP 指令中使用这些信号来控制夹爪 gripper3 的松开和夹紧动作，以及回转台 brushtable 的回归 HOME 位动作。

4）创建 PLC 模块并编程，实现机器人 robot3 与快换夹爪 gripper3 和喷涂台 brushtable 的协同工作。

【实训考核评价】

根据学生的实训完成情况给予客观评价，见表 6-1。

表 6-1 实训考核评价

考核内容	配分	考核标准	得分
快换夹爪智能组件定义	20	输入/输出信号设计合理 内部工作逻辑正确 能够与机器人协同工作	
变位机智能组件定义	20	输入/输出信号设计合理 内部工作逻辑正确 能够与机器人协同工作	
回转台智能组件定义	20	输入/输出信号设计合理 内部工作逻辑正确 能够与机器人协同工作	
机器人交互信号使用	20	正确创建输入/输出信号 OLP 指令运用正确 能够与外部设备协同工作	
PLC 模块编程	20	正确创建 PLC 模块 PLC 模块程序逻辑正确 能够控制外部设备协同工作	
合 计			

素养小栏目

　　人类应该和衷共济、和合共生，朝着构建人类命运共同体方向不断迈进，共同创造更加美好未来。对于构建智能生产线，生产设备不再是信息孤岛，最典型的特征是它们之间能够进行信息交互，协同完成生产任务。在仿真软件中为生产设备增加逻辑资源使其成为智能组件，使它们能够交互信息以完成相应工艺操作，这是实现智能生产线仿真的关键。

项目 7　智能生产线工艺过程虚拟调试

【项目引入】

智能制造生产线的运转离不开总控 PLC 的控制，各个生产设备在与总控 PLC 的信号交互中完成生产工艺流程。智能制造生产线总控 PLC 的编程调试原本需要在生产线实际硬件设备安装就绪后进行，而 PS 软件使得用户可以在虚拟环境中调试自动化控制逻辑和 PLC 代码，然后再将其下载到真实设备。通过虚拟方式调试生产线 PLC 程序，可以保证生产线的工艺流程能够达到预期，大幅削减生产线的装调时间和成本。

【学习目标】

1）了解智能生产线虚拟调试过程。
2）掌握 PS 软件连接外部 PLC 的方法。
3）掌握 PS 软件如何在外部 PLC 控制下进行仿真。

任务 7.1　智能生产线工艺流程虚拟调试建设

7.1.1　工艺操作虚拟调试启动条件创建

PS 软件默认工作于 CEE 仿真模式下，而使用外部 PLC 联合 PS 软件对智能生产线工艺流程进行虚拟调试时，PS 软件需要工作于 PLC 仿真模式下，所有操作均可由 PLC 输出信号独立启动，原先在 CEE 仿真模式下设定的所有操作启动条件将全部失效。因此在进行虚拟调试前，需要对原有工程项目做一些适应性更改和设定。

1. 工艺流程修改

（1）工艺操作解除关联

码 7-1　工艺流程修改

PS 软件工作于 PLC 仿真模式下时，所有工艺操作的启动均可由外部总控 PLC 根据工艺流程控制逻辑输出的启动信号控制，不再需要在各自所关联的上一步工艺操作中设定的启动条件。按下〈Ctrl〉键，同时单击选中 Sequence Editor 窗口中相关联的工艺操作，然后单击 Sequence Editor 窗口工具栏中的 Unlink 按钮，解除所有工艺操作之间的关联（见图 7-1）。

（2）删除重复工艺操作

由于工艺流程中的所有操作均可由外部总控 PLC 输出的启动信号按需重复启动，所以可以删除工艺流程中重复出现的相同操作。在 Sequence Editor 窗口或 Operation Tree 窗口中将机器人装配工作站和喷涂工作站中重复的安装和卸载快换夹爪工艺操作删除（见图 7-2）。

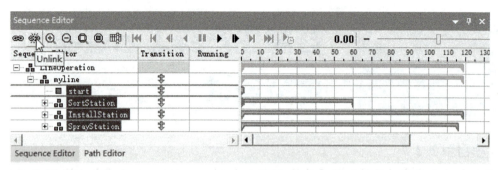

图 7-1　工艺操作解除关联

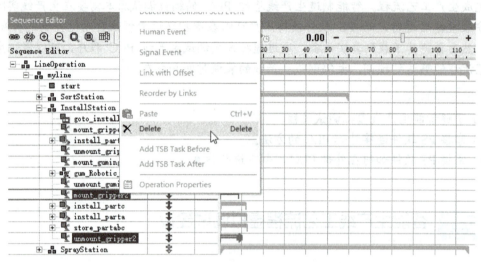

图 7-2　删除重复的工艺操作

（3）删除信号事件

在 PS 软件的 CEE 仿真模式下基于工艺操作添加的信号事件，可以由外部总控 PLC 的控制逻辑来实现，因而当 PS 软件工作在 PLC 仿真模式下时可以删除这些信号事件。右击 Sequence Editor 窗口中工艺操作甘特图上代表信号事件的红色小块，在弹出的快捷菜单中选择 Delete 命令即可删除对应的信号事件（见图 7-3）。

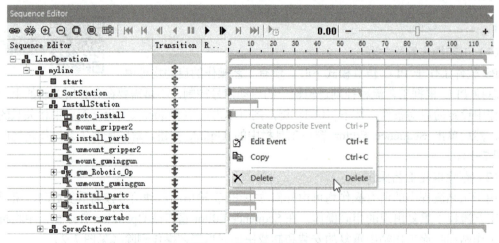

图 7-3　删除信号事件

2. 物料流修改

PS 软件工作在 PLC 仿真模式下时，用户可以新建 Non-Sim 操作，由外部总控 PLC 控制其启动以更好的控制物料的显示。

码 7-2　物料流修改

（1）新建 Non-Sim 操作

在 Operation Tree 窗口中删除原有的 start 操作，然后在 myline 节点下创建一个新的复合操作命名为 material_flow，并在该复合操作下分别创建名为 generate_parts 和 remove_parts 的 Non-Sim 操作（见图 7-4）。

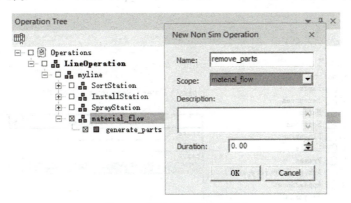

图 7-4　创建物料流控制操作

（2）删除物料零件关联

在 Operation Tree 窗口中右击 SortStation 节点下的 goto_sort 工艺操作，在弹出的快捷菜单中选择 Generate Appearances 命令，从而在 Object Tree 窗口中的 Appearances 节点下生成零件。然后再次右击该工艺操作，在弹出的快捷菜单中选择 Operation Properties 命令弹出 Properties-goto_sort 对话框，单击 Properties-goto_sort 对话框中的 Products 选项卡，再依次选中 Product Instances 列表框中的零件，并按下〈Delete〉键将它们全部删除（见图 7-5）。

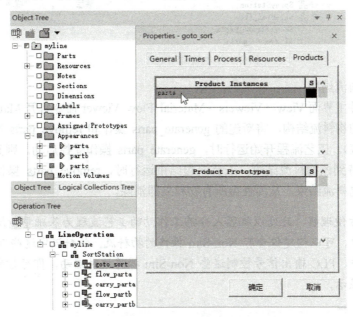

图 7-5　删除工艺操作所关联的物料零件

小贴士：在生产线仿真模式下删除工艺操作所关联的零件，需要先利用该工艺操作生成所关联的零件"分身"，然后才能在该工艺操作的属性中找到它们并删除。

（3）新增物料零件关联

在 Operation Tree 窗口中右击 material_flow 节点下的 generate_parts 操作，在弹出的快捷菜单中选择 Operation Properties 命令，弹出 Properties-generate_parts 对话框，单击 Properties-generate_parts 对话框中的 Products 选项卡，然后单击其 Product Instances 列表框中的空白行，使其背景变为绿色后，再依次单击 Object Tree 窗口中 Appearances 节点下的零件，将它们依次输入（见图 7-6）。

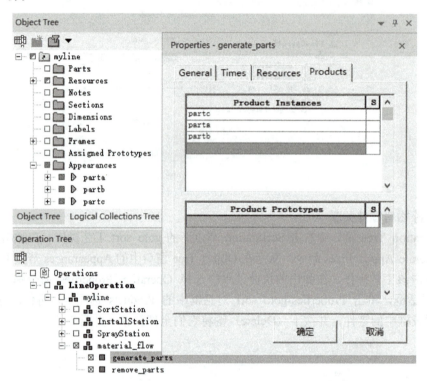

图 7-6　工艺操作进行物料零件关联

（4）更改物料流结构

单击选择软件主界面 View→Viewers→Material Flow Viewer 命令打开 Material Flow Viewer 窗口，修改原有的物料流结构，将新建的 generate_parts 操作和 remove_parts 操作加入并连接成物料流（见图 7-7）。工艺流程开始运行时，generate_parts 操作受控启动，则其所关联的物料将会显示，一直保持到该物料流结束；工艺流程结束运行时，remove_parts 操作受控启动，当它运行结束后导致物料流结束，从而使得所有物料立即消除。

小贴士：为方便理解，此处以机器人分拣工作站的工艺流程为基础重新规划了物料流。实际上在虚拟调试中，可以构建仅含有 Non-Sim 操作的物料流。物料流中这些 Non-Sim 操作关联有恰当的物料零件，PLC 输出信号控制这些 Non-Sim 操作适时启动，即可控制整个生产工艺流程中的物料零件显示。

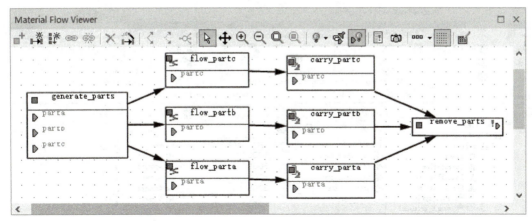

图 7-7　更改物料流结构

3．创建工艺操作启动信号

码 7-3　创建工艺操作启动信号

PS 软件可以为不同类型的工艺操作创建启动信号，它们的默认名称为"<操作名称>_ Start"，这些启动信号在 PLC 仿真模式下由外部总控 PLC 输出。当外部总控 PLC 将这些启动信号输出为 1 时，对应的工艺操作就会从头开始执行；一旦这些启动信号输出为 0，对应的工艺操作就会立即停止。

（1）创建对象流工艺操作启动信号

单击选择软件主界面 Control→Create All Flow Start Signals 命令，为所有 Object Flow 类型的工艺操作创建启动信号。新创建的启动信号都会在 Signal Viewer 窗口中自动列出（见图 7-8）。

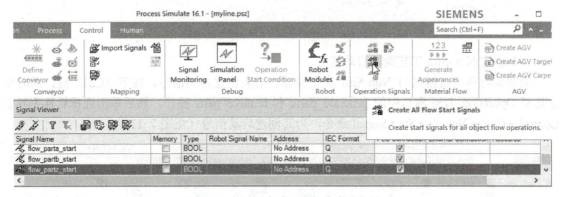

图 7-8　创建对象流工艺操作启动信号

（2）创建设备工艺操作启动信号

在 Operation Tree 窗口中单击选中 Device Operation 类型的工艺操作，然后单击选择软件主界面 Control→Create Device Start Signal 命令，为其创建启动信号。此处可以为 goto_sort、goto_install、goto_spray、goto_home 这四个设备工艺操作创建启动信号（见图 7-9）。

（3）创建机器人工艺操作启动信号

在 Object Tree 窗口或 Graphic Viewer 窗口中单击选中机器人，然后单击选择软件主界面 Control→Create Robot Start Signals 命令，为该机器人执行的每个工艺操作创建启动信号（见图 7-10）。

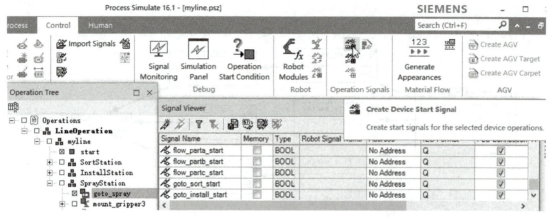

图 7-9 创建设备工艺操作启动信号

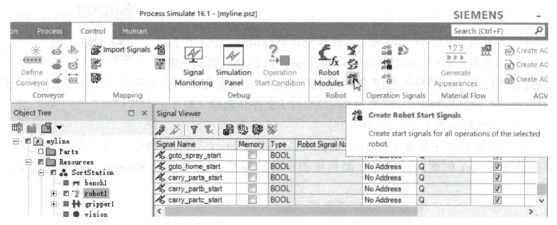

图 7-10 创建机器人工艺操作启动信号

（4）创建 Non-Sim 工艺操作启动信号

为控制物料流而新建的 Non-Sim 类型操作也需要创建启动信号。按下〈Ctrl〉键，同时单击选择 Operation Tree 窗口中的 generate_parts 和 remove_parts 操作，然后单击选择软件主界面 Control→Create Non-Sim Start Signal 命令，为其创建启动信号（见图 7-11）。

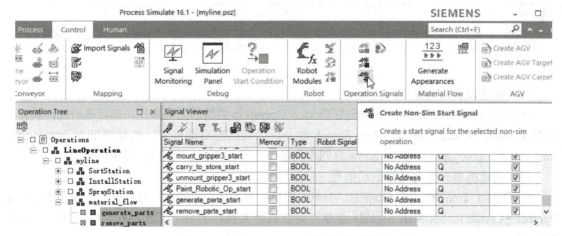

图 7-11 创建 Non-Sim 工艺操作启动信号

7.1.2 机器人多工艺操作虚拟调试集成

在实际应用中,单个机器人所执行的多项工艺操作并不直接由外部总控 PLC 信号启动,而是在机器人与外部总控 PLC 的信号交互中,由机器人的主操作进行调用。为了与实际机器人的工作方式相对应,用户可以创建一个机器人通用操作,将其作为主操作来调用机器人的各项工艺操作以完成生产任务。

码 7-4 机器人多工艺操作虚拟调试集成

1. 创建机器人通用操作

在 Operation Tree 窗口中单击选中 SortStation 节点,再单击选择软件主界面 Operation→New Operation→New Generic Robotic Operation 命令新建机器人通用操作。在弹出的 New Generic Robotic Operation 对话框中的 Name 文本框内输入操作名 robot1_main,在 Robot 下拉列表框中选择 robot1,然后单击该对话框的 OK 按钮完成机器人通用操作的创建(见图 7-12)。

2. 机器人程序的创建与设置

机器人程序是机器人多个工艺操作的集合,这些工艺操作在机器人程序中被调用执行。

(1)创建机器人程序

在 Graphic Viewer 窗口中单击选中机器人 robot1,在弹出的快捷菜单中选择 Robotic Program Inventory 命令,弹出 Robotic Program Inventory 对话框(见图 7-13)。

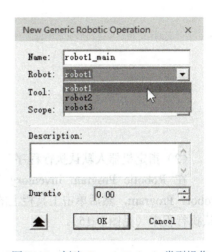

图 7-12 创建 Generic Robotic 类型操作

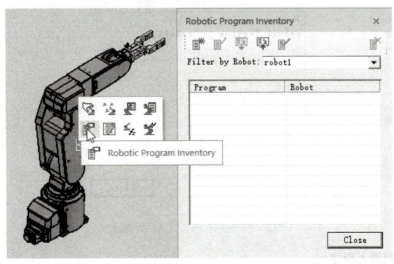

图 7-13 打开机器人程序清单

单击 Robotic Program Inventory 对话框工具栏上的 Create New Program 按钮,在弹出的对话框中的 Name 文本框内输入机器人程序名称 robot1_Program,Robot 下拉列表框内选择 robot1,然后单击 OK 按钮,完成机器人 robot1 的程序创建(见图 7-14)。

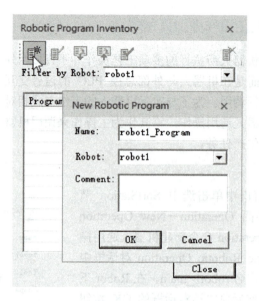

图 7-14 新建机器人程序

（2）指定机器人默认执行程序

在 Robotic Program Inventory 对话框中，单击选中程序列表内新建好的机器人程序 robot1_Program，然后单击工具栏上的 Set as Default Program 按钮，将其作为机器人控制器的默认执行程序（见图 7-15）。

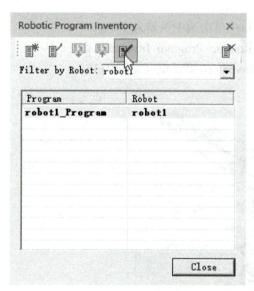

图 7-15 指定机器人默认执行程序

（3）设置机器人程序

在 Robotic Program Inventory 对话框中，单击选中程序列表内需要编辑的机器人程序 robot1_Program，然后单击工具栏上的 Open in Program Editor 按钮，将其加载到 Path Editor 窗口中进行编辑（见图 7-16）。

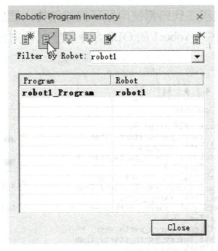

图 7-16 加载机器人程序到路径编辑器

单击 Robotic Program Inventory 对话框的 Close 按钮将其关闭,然后单击选中 Operation Tree 窗口中 SortStation 节点下的 robot1_main 操作,再到 Path Editor-robot1 窗口的工具栏上单击 Add Operation to Program 按钮,将 robot1_main 操作添加到机器人程序 robot1_Program 下,并在 robot1_main 操作对应的 Path#列表栏中输入 5(见图 7-17)。这个号码将作为机器人控制器执行 robot1_main 操作的路径号,不得与机器人其他操作的路径号重复。

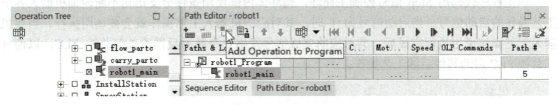

图 7-17 为机器人程序添加机器人操作

在机器人操作清单程序下可以添加多个机器人操作,每个操作都需要被赋予一个唯一的路径号,以便机器人控制器在外部总控 PLC 的控制下选择执行。

3. 机器人主操作 OLP 命令程序编写

在 Path Editor-robot1 窗口中单击 robot1_main 操作所对应的 OLP Commands 列表栏,在弹出的对话框中单击 Add 按钮并选择 Free Text 命令(见图 7-18),将机器人的主程序代码以自由文本的形式添加为 OLP 命令。

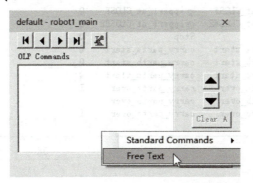

图 7-18 以自由文本形式添加 OLP 命令

几乎所有的工业机器人主程序代码都使用循环扫描结构，通过条件分支来选择调用机器人的不同工艺操作。在本书案例中，robot1 的 OLP 命令程序（即主程序代码）如图 7-19 所示。

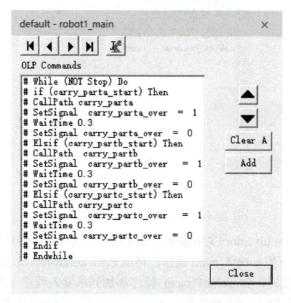

图 7-19　robot1_main 操作的 OLP 命令程序

该主程序代码用 Stop 信号控制主循环，循环体内部使用条件分支语句不断轮询机器人各个工艺操作的启动信号，当启动信号为 1 时，其对应的机器人工艺操作就会被调用执行。当该机器人工艺操作调用执行完成后，其对应的完成信号发出一个脉冲反馈给外部总控 PLC，以便外部总控 PLC 启动其他后续工艺操作。

4. 机器人主程序代码交互信号创建

在 Graphic Viewer 中或 Object Tree 窗口中单击选中机器人 robot1，然后单击选择软件主界面 Control→Robot Signals 命令，弹出 Robot Signals-"robot1" 对话框，在该对话框中创建机器人主程序代码中所用到的交互信号（见图 7-20）。

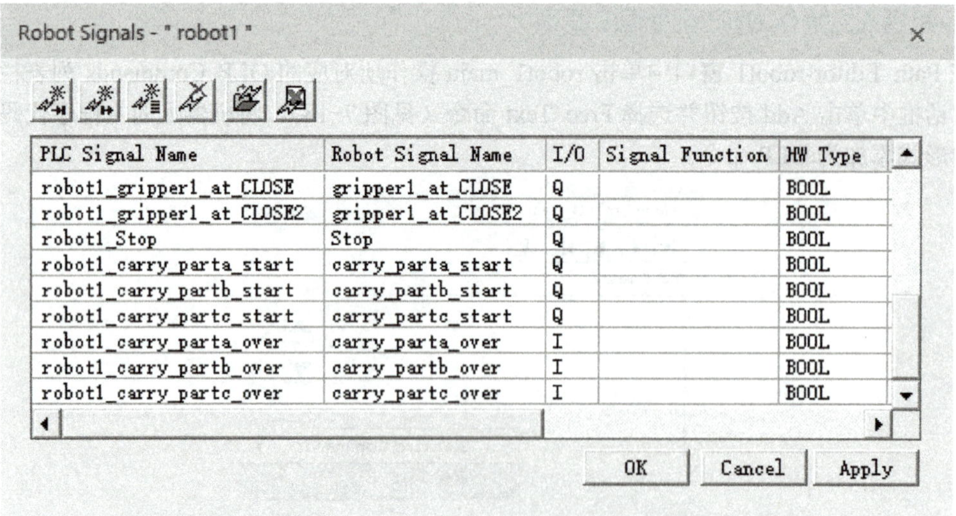

图 7-20　robot1_main 程序交互信号创建

任务 7.2　PLC 虚拟调试工程项目建设

智能制造生产线在 PS 中完成虚拟仿真验证后，可以设置信号与外部总控 PLC 互连，在外部总控 PLC 的控制下执行生产工艺流程。因此外部总控 PLC 可以在实际生产线设备没有安装到位的情况下提前编写、调试、验证生产线控制程序，从而显著加快生产线投产进度。本书案例以西门子 S7-1500 系列 PLC 及配套软件为基础来实施 PS 软件的虚拟调试过程。

7.2.1　PLC 工程项目创建

1. PLC 程序变量表文件建设

在创建 PLC 工程项目之前，用户需要确定 PLC 与 PS 软件相关联的信号。本书案例采用 PLC 信号与 PS 信号名称相同的方法实现信号互连，无须单独设置两者的信号关联。

在 PS 软件的 Signal Viewer 窗口中单击工具栏中的 Export to Excel 按钮，将当前工程项目中的所有信号导出到 Excel 文档中（见图 7-21）。

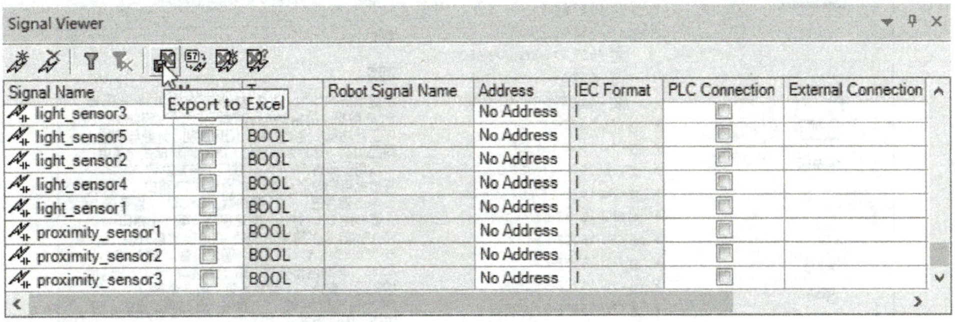

图 7-21　PS 导出信号

在导出的 Excel 文档中选择需要与外部总控 PLC 通信交互的信号，将它们的名称和类型等信息按照 TIA Portal 软件所规定格式，填入到 PLC 变量表文件中，以便后续导入到 TIA Portal 软件中的 PLC 工程项目中（见图 7-22）。

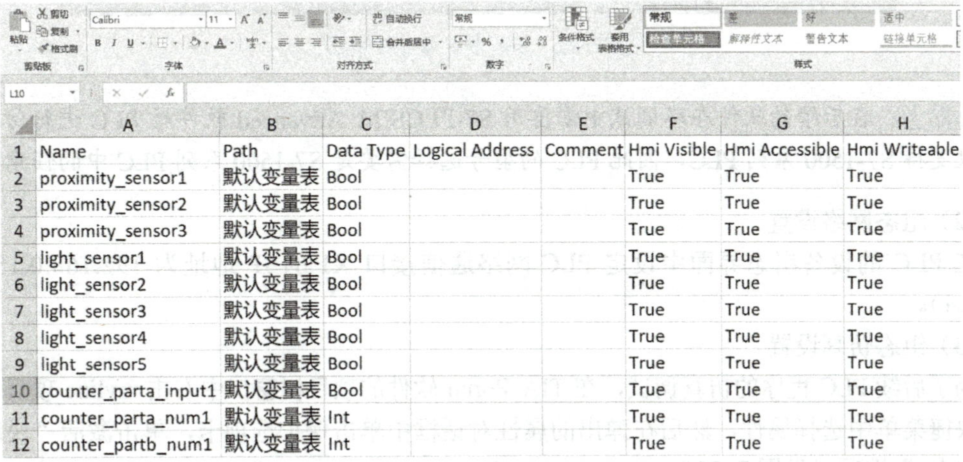

	A	B	C	D	E	F	G	H
1	Name	Path	Data Type	Logical Address	Comment	Hmi Visible	Hmi Accessible	Hmi Writeable
2	proximity_sensor1	默认变量表	Bool			True	True	True
3	proximity_sensor2	默认变量表	Bool			True	True	True
4	proximity_sensor3	默认变量表	Bool			True	True	True
5	light_sensor1	默认变量表	Bool			True	True	True
6	light_sensor2	默认变量表	Bool			True	True	True
7	light_sensor3	默认变量表	Bool			True	True	True
8	light_sensor4	默认变量表	Bool			True	True	True
9	light_sensor5	默认变量表	Bool			True	True	True
10	counter_parta_input1	默认变量表	Bool			True	True	True
11	counter_parta_num1	默认变量表	Int			True	True	True
12	counter_partb_num1	默认变量表	Int			True	True	True

图 7-22　PLC 变量表 Excel 文档编辑

并非所有的 PS 信号都需要与 PLC 通信交互。Key 类型信号通常是 PS 软件自动生成的内部信号，Display 类型信号通常作为 PS 软件内部逻辑控制的辅助中间信号，而实际的 PLC 软件一般通过 Resource Input Signal 和 Resource Output Signal 类型信号与 PS 软件进行通信交互。

2. PLC 硬件组态

（1）添加 PLC 设备

打开 TIA Portal 软件新建工程项目并命名为 myline，添加控制器时选择 S7-1500 系列中的 CPU 1516-3 PN/DP 类型 PLC（见图 7-23）。

图 7-23　工程项目添加控制器

小贴士：在后续的软件在环调试中需要用 S7-PLCSIM Advanced 软件对 PLC 进行仿真，该软件仅支持 S7-1500 系列 PLC，因此 PLC 的型号选择需要是 S7-1500 系列 PLC 中的任意一款。

（2）组态网络设置

在 PLC 的设备组态界面中设定 PLC 网络通信接口 X1 的 IP 地址为 192.168.0.159（见图 7-24）。

（3）组态仿真设置

为了后续 PLC 程序的仿真调试，在 TIA Portal 软件的项目树窗口中右击 myline 项目，在弹出的快捷菜单中选择属性，然后在弹出的属性对话框中单击保护选项卡，单击激活"块编译时支持仿真。"选项（见图 7-25）。

项目 7　智能生产线工艺过程虚拟调试

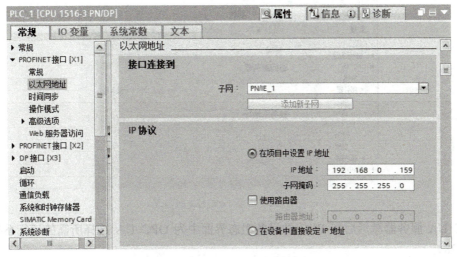

图 7-24　PLC 设定 IP 地址

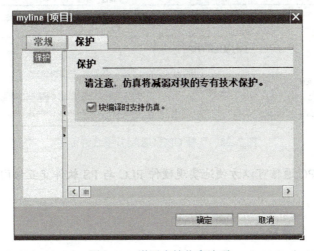

图 7-25　激活支持仿真选项

(4) 组态通信设置

为了 PLC 能与 PS 软件交换数据，需要在 PLC 的设备组态界面中激活 PUT/GET 连接机制（见图 7-26）。

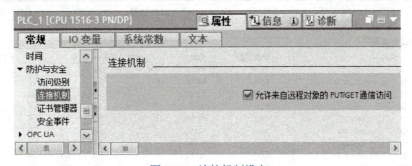

图 7-26　连接机制设定

如果需要 PLC 与 PS 软件进行 OPC 通信，则还需要在 PLC 的设备组态界面中激活 OPC UA 服务器（见图 7-27）。

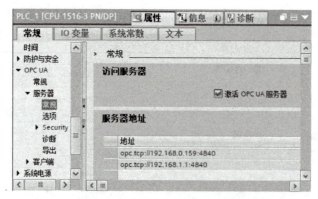

图 7-27 激活 OPC UA 服务器

OPC UA 服务器激活后在 PLC 的设备组态界面中为 OPC UA 选择所需的运行系统许可证（见图 7-28）。

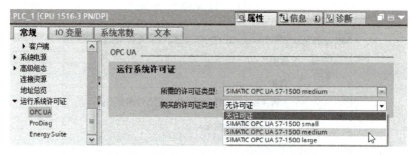

图 7-28 选择 OPC UA 运行系统许可证

小贴士：使用 OPC 通信可以方便地实现硬件 PLC 与 PS 软件交互协同工作，达到硬件在环调试的目的。

3. 输入输出信号变量导入

在进行 PLC 软件编程之前，需要建立与 PS 软件中的输入输出信号相对应的变量。打开 PLC 变量表，导入事先按照 TIA Portal 软件规定格式所编写的 PLC 变量表文件，然后为每一个变量分配好地址（见图 7-29）。

图 7-29 PLC 变量表导入 PS 信号

4. 仿真程序编写

以机器人为主体的智能制造生产线，其外部总控 PLC 编程至少应包含机器人控制、智能组件交互控制和工艺流程控制这三个方面的内容。此外，还会根据仿真需求为仿真过程中物料零件的正确显示提供控制逻辑。

（1）机器人控制

外部总控 PLC 首先输出 robot1_programNumber 信号为 5 给 PS 软件中的机器人 robot1，如果机器人 robot1 包含路径号为 5 的机器人操作，则输出 robot1_mirrorProgramNumber 信号为 5 反馈给外部总控 PLC；如果机器人 robot1 不包含路径号为 5 的机器人操作，则 robot1_mirrorProgramNumber 信号会保持为 0 且 robot1_errorProgramNumber 信号置 1。

当外部总控 PLC 的 robot1_programNumber 信号与 robot1_mirrorProgramNumber 信号相等时，外部总控 PLC 将 robot1_startProgram 信号置为 1，PS 软件中的机器人 robot1 开始启动执行路径号为 5 的机器人操作 robot1_main，在机器人的循环程序中等待相关启动信号有效以触发对应的机器人工艺操作。机器人启动控制样例如图 7-30 所示。

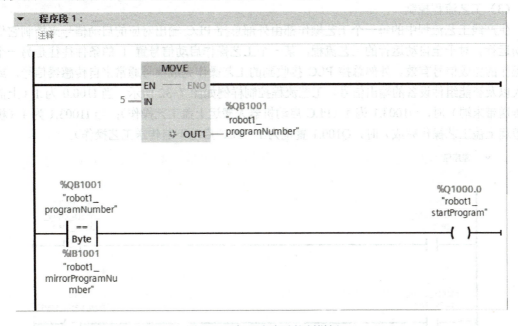

图 7-30 机器人启动控制样例

（2）智能生产设备交互控制

机器人以及智能组件设备在生产工艺流程中需要通过外部总控 PLC 交互信号协同工作以完成生产任务。外部总控 PLC 的控制逻辑需要接收它们的请求和状态信息，并将这些信息分析处理后输出恰当的信号以控制它们运转。智能组件控制样例如图 7-31 所示，当 I1200.1 为 1（机器人请求旋转料仓运动到 SORT 姿态）时，Q300.1 为 1（PLC 驱动旋转料仓运动到 SORT 姿态）；当 I300.1 为 1（旋转料仓到达 SORT 姿态）时，Q1200.1 为 1（PLC 告知机器人旋转料仓已到达 SORT 姿态）。

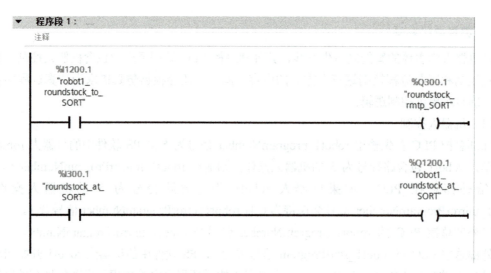

图 7-31　智能组件控制样例

（3）工艺流程控制

生产线工艺流程中的每一个工艺操作都由外部总控 PLC 输出对应的启动信号来控制它们的启动运行。对于全自动运行的工艺流程，某一个工艺操作启动信号置 1 的条件往往是另一个工艺操作的完成信号有效。外部总控 PLC 接收到的工艺操作完成信号通常来自传感器信号，或机器人以及智能组件设备的输出信号。工艺流程控制样例如图 7-32 所示，当 I100.0 为 1（上盖到达传送带末端）时，Q1003.1 为 1（PLC 启动机器人搬运上盖工艺操作）；当 I1003.1 为 1（机器人搬运上盖工艺操作完成）时，Q100.1 置位为 1（PLC 启动下盖传送工艺操作）。

图 7-32　工艺流程控制样例

对于由 PS 软件生成的工艺操作启动信号，当它们由 0 变为 1 时，工艺操作立刻开始从头到尾单次运行；当它们由 1 变为 0 时，工艺操作立刻停止运行并保持当前状态。PLC 编程时需要注意如何保持和清除它的置 1 状态。

（4）物料零件显示控制

对于物料零件在工艺流程中的显示控制，一般通过生产线总控逻辑适时启动 Non-Sim 操作控制物料流的流转来实现。物料显示控制样例如图 7-33 所示，当 M100.0 为 1（触摸屏启动生产流程）时，Q900.1 为 1（generate_parts 操作启动，物料流开始）；当 M100.1 为 1（触摸屏停止生产流程）时，Q900.0 为 1（remove_parts 操作启动，物料流结束）。

图 7-33 物料显示控制样例

7.2.2 PLC 工程项目运行

1. 虚拟 PLC 设置

外部总控 PLC 程序编写完成后，可以采用虚拟仿真的方式实现软件在环调试。打开 S7-PLCSIM Advanced 软件控制面板，对虚拟 PLC 进行设置（见图 7-34）。

码 7-5 PLC 工程项目运行

图 7-34 虚拟 PLC 设置

1）在 Online Access 选项区，将在线访问模式更改为虚拟网卡模式 PLCSIM Virtual Eth.Adapter。

2）在 Start Virtural S7-1500 PLC 选项区，Instance name 文本框中输入虚拟 PLC 实例的名称 plcforps，后续在 PS 中建立通信连接时需要用到该名称；IP address[X1] 文本框中输入 PLC 的 IP 地址 192.168.0.159；在 Subnet mask 文本框中输入 IP 地址的子网掩码 255.255.255.0。注意网络地址要和 PLC 工程项目中的网络设置匹配。最后单击 Start 按钮启动该虚拟 PLC。

2. PLC 工程下载

虚拟 PLC 启动运行后，在 TIA Portal 软件中将 PLC 工程下载到虚拟 PLC 中运行即可。下载时选择 PG/PC 接口应选择虚拟网卡，即 Siemens PLCSIM Virtual Ethernet Adapter（见图 7-35）。

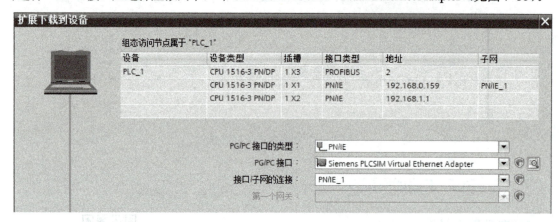

图 7-35　下载 PLC 工程到虚拟 PLC

任务 7.3　智能生产线虚拟调试

7.3.1　PS 软件与外部 PLC 连接的设定

1. PS 软件工作模式切换

码 7-6　PS 软件与外部 PLC 连接设定

在 PS 软件能够与外部总控 PLC 联合进行虚拟调试之前，需要将 PS 软件切换到正确的工作模式下。单击选择软件主界面 File→Options 命令，或是按〈F6〉键，打开 Options 对话框，在 PLC 选项卡的 Simulation 选项区，单击 PLC 单选按钮及其下 External Connection 选项，将 PS 软件的工作模式切换为连接外部 PLC 模式（见图 7-36）。

2. PS 软件外部连接设定

（1）PLCSIM Advanced 连接方式设定

继续单击 External Connection 选项下的 Connection Settings 按钮，在弹出的 External Connections 对话框中单击 Add 按钮，选择 PLCSIM Advanced 选项（见图 7-37）。

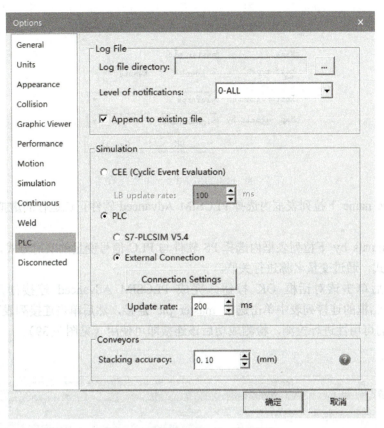

图 7-36　连接外部 PLC 模式设定

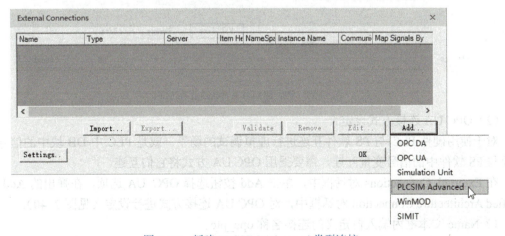

图 7-37　新建 PLCSIM Advanced 类型连接

在弹出的 Add PLCSIM Advanced2.0+Connection 对话框中对 PLCSIM Advanced 连接方式进行设定（见图 7-38）。

1) Name 文本框内输入自定义的连接名称 master_plc，该连接名称将用于 PS 信号变量的连接组态。

2) Host Type 选项区用于选择虚拟 PLC 的连接方式，如果 PS 软件和虚拟 PLC 在同一台电脑上运行则无须远程连接，单击 Local 单选按钮即可。

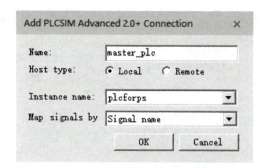

图 7-38　PLCSIM Advanced 连接设定

3）Instance name 下拉列表框内选择 PLCSIM Advanced 软件正在运行的虚拟 PLC 实例名称 plcforps。

4）Map signals by 下拉列表框内选择 PS 软件与 PLC 信号变量的映射方式，本书案例使用 Signal name 方式，通过变量名称进行关联。

设定完毕后单击该对话框 OK 按钮，完成 PLCSIM Advanced 连接创建。在 External Connections 对话框的连接列表中单击选中 master_plc 连接，然后单击连接列表下方的 Validate 按钮对该连接的可用性进行检测，检测成功后该连接即可使用（见图 7-39）。

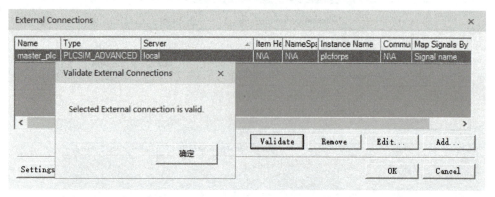

图 7-39　PLCSIM Advanced 连接检测

（2）OPC UA 连接方式设定

对于使用硬件 PLC 与 PS 软件互连进行虚拟调试的场景，或是 PLC 中 DB 块中的信号变量需要与 PS 软件中的信号变量互连，需要采用 OPC UA 方式将它们互连。

在 External Connections 对话框中，单击 Add 按钮选择 OPC UA 选项，在弹出的 Add OPC Unified Architecture Connection 对话框中，对 OPC UA 连接方式进行设定（见图 7-40）。

1）Name 文本框内输入自定义的连接名称 opc_plc。

2）单击对话框左下角的箭头▼展开对话框的扩展部分，在 Host Name 选项区直接输入运行 OPC UA 服务器的 PLC 的 IP 地址及端口号，再单击该选项区右侧的加载按钮 以自动连接 PLC 的 OPC UA 服务器并导入相关内容。

3）导入 OPC UA 服务器内容成功后，在 Server Endpoints 选项区下方的资源浏览窗口中，单击选择 Objects 节点下的 PLC_1 子节点（PLC_1 是 PLC 硬件组态的名称），即可访问 PLC 的相关资源。此时 Add OPC Unified Architecture Connection 对话框中的 NameSpace Index 文本框应显示为 3。

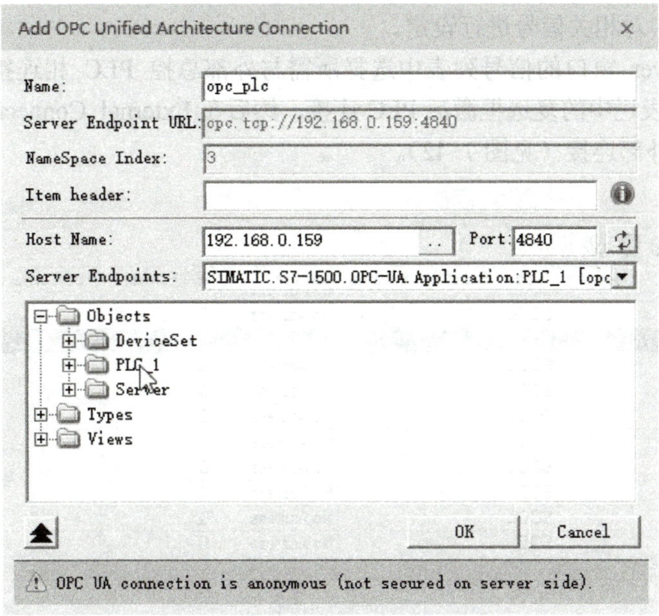

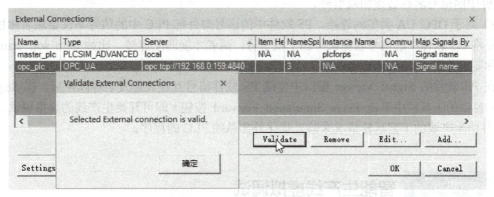

图 7-40　OPC UA 连接设定

设定完毕后单击该对话框 OK 按钮，完成 OPC UA 连接创建。在 External Connections 对话框的连接列表中单击选中 opc_plc 连接，然后单击连接列表下方的 Validate 按钮对该连接的可用性进行检测，检测成功后该连接即可使用（见图 7-41）。

图 7-41　OPC UA 连接检测

最后单击 External Connection 对话框中的 OK 按钮完成 PS 软件外部连接设定。此时 Signal Viewer 窗口信号列表的 External Connection 栏将能够显示这些外部连接选项以供选择。

小贴士： 在创建连接前需要将虚拟 PLC 或实物 PLC 运行起来，否则设定连接时将会因为找不到连接对象而失败。

7.3.2　PS 软件与外部 PLC 信号的互连

码 7-7　PS 软件与外部 PLC 连接设定

1. PS 软件信号连接设定

PS 软件与外部 PLC 建立互连后，它们之间的信号不会自动交互，还需要在 PS 软件的

Signal Viewer 窗口中对相关信号进行设定。

在 Signal Viewer 窗口的信号列表中选择所需与外部总控 PLC 相连接的信号，单击勾选 PLC Connection 列表栏中的复选框激活 PLC 连接，然后在 External Connection 列表栏的下拉列表框中选择合适的外部连接（见图 7-42）。

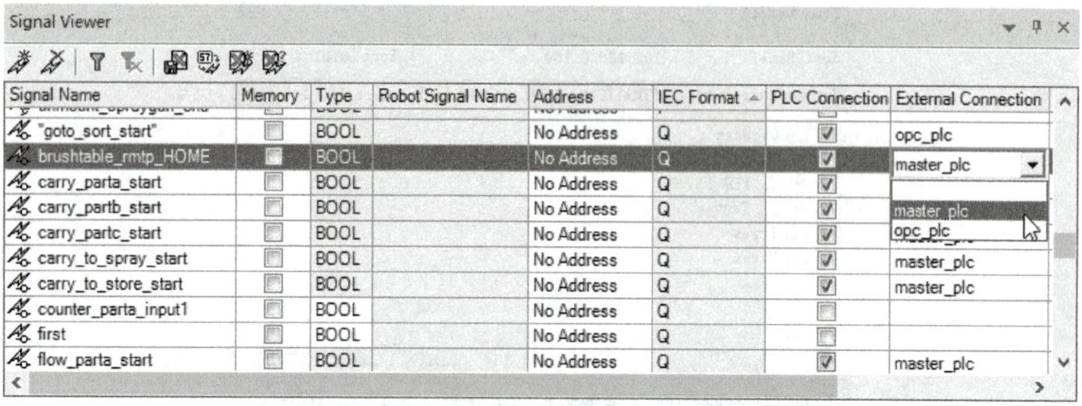

图 7-42　PS 软件信号互连设定

2. PS 软件信号名称匹配

1）对于使用 Signal name 方式的 PLCSIM Advanced 类型的连接，PS 软件中的信号与外部 PLC 中的信号名称相同即可匹配连接。但是当信号名称中有特殊字符时，比如空格、括号等，PS 软件中的信号名称必须加双引号。

2）对于 OPC UA 类型的连接，PS 软件中的信号与外部 PLC 中的信号不仅要求名称相同，还需要将 PS 软件中的信号名称额外加上双引号，两者才能匹配连接。比如 goto_sort_start 信号的名称要更改为"goto_sort_start"。

在 PS 软件的 Signal Viewer 窗口中完成 PS 软件信号互连设定及名称匹配后，在 Sequence Editor 窗口的工具栏中单击 Plays Simulation Forward 按钮 ▶ 即可开始生产线的虚拟调试，根据 PS 软件中生产线的工艺运转情况来验证优化外部总控 PLC 的程序。

技能实训 7.4　智能生产线虚拟调试

7.4.1　PS 软件的虚拟调试设定

1）切换 PS 软件到外部连接 PLC 模式并组态与 PLC 的连接方式。
2）为机器人分拣工作站的工艺操作创建启动信号。
3）在 Signal Viewer 窗口中设定相关的信号与外部 PLC 互连。

7.4.2　PLC 虚拟调试软件的工程创建

1）组态并编写机器人分拣工作站 PLC 控制程序及 HMI 界面（见图 7-43）。

项目 7　智能生产线工艺过程虚拟调试

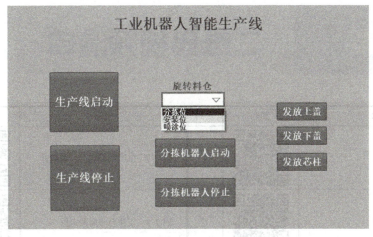

图 7-43　虚拟调试 HMI 参考界面

2）将 PLC 程序下载到 PLCSIM Advanced 软件的虚拟 PLC 中并启动运行。

7.4.3　机器人分拣工作站虚拟调试

启动 PS 软件的仿真并运行 HMI 界面，在 HMI 界面中控制机器人分拣工作站运行，完善总控 PLC 程序。

【实训考核评价】

根据学生的实训完成情况给予客观评价，见表 7-1。

表 7-1　实训考核评价

考核内容	配分	考核标准	得分
PS 软件仿真模式设定	20	PS 软件工作于 PLC 仿真模式下 PS 软件与 PLC 通信连接正常	
PS 软件交互信号设定	20	互连信号创建合理 互连信号组态正确	
PLC 组态编程	30	硬件组态正确 合理运用互连信号 工艺流程控制逻辑正确	
PLC 虚拟仿真	10	正确构建虚拟 PLC 实例 PLC 工程项目能够下载到虚拟 PLC 中运行	
生产线虚拟调试	20	PS 软件与 PLC 的互连信号通信正常 能够通过 HMI 操作生产线运行 生产线工艺操作运行无误	
合　计			

素养小栏目

团结奋斗是中国人民创造历史伟业的必由之路，团结就是力量，奋斗铸就伟业。对复杂智能生产线仿真项目，通常需要不同领域的专业软件联合运行来进行仿真调试。一个团结合作的项目团队能够充分利用每个成员在自己领域的专长，实现任务的合理分工和协同工作。项目团队内不同成员的不同视角和经验，能够提高智能生产线仿真项目的完成质量和完成效率。

附录 二维码视频清单

名称	图形	页码	名称	图形	页码
码 1-1 NX 转 JT		5	码 2-7 生产线设备工作台放置		42
码 1-2 批量转 JT		6	码 2-8 工作台布局图定位		43
码 1-3 创建 PD 工程		8	码 2-9 旋转料仓桌面布局图定位		44
码 1-4 保存 PD 工程项目		12	码 2-10 工作站机器人定位		47
码 1-5 打开 PD 工程项目		14	码 2-11 独立运行 PS 工程项目		48
码 2-1 建立项目库		19	码 3-1 旋转料仓关节运动设定		57
码 2-2 产品架构规划		25	码 3-2 旋转料仓姿态设定		63
码 2-3 生产架构规划		27	码 3-3 变位机关节运动设定		66
码 2-4 生产线设备资源和工艺操作分配		30	码 3-4 变位机姿态设定		71
码 2-5 工艺流程规划		31	码 3-5 机器人关节运动设定		73
码 2-6 PS 工艺仿真		33	码 3-6 机器人坐标系设定		79

（续）

名称	图形	页码	名称	图形	页码
码 3-7 机器人关节运动范围的设定		82	码 4-9 使用向导命令创建连续制造特征操作		127
码 3-8 机器人夹爪设定		88	码 4-10 连续制造特征路径点基本调整		129
码 3-9 机器人喷枪设定		93	码 4-11 连续制造特征操作机器人可达性验证		132
码 3-10 机器人末端执行器的安装与卸载		96	码 4-12 机器人外部轴应用		133
码 4-1 设备操作规划仿真		103	码 4-13 机器人涂胶操作综合优化		135
码 4-2 对象流操作规划仿真		104	码 4-14 喷枪喷射范围描述		139
码 4-3 机器人搬运参考 Frame 创建		107	码 4-15 机器人画刷创建		142
码 4-4 机器人抓放操作创建		109	码 4-16 喷涂表面建模		142
码 4-5 机器人搬运工艺路径规划仿真		110	码 4-17 创建喷涂操作		143
码 4-6 机器人 OLP 指令运用		117	码 4-18 喷涂路径规划仿真		146
码 4-7 机器人安装快换工具路径规划仿真		122	码 5-1 标准模式下机器人智能生产线的仿真		153
码 4-8 机器人卸载快换工具路径规划仿真		125	码 5-2 生产线模式下机器人智能生产线的仿真		155

（续）

名称	图形	页码	名称	图形	页码
码 5-3 创建物料流		162	码 6-5 PLC 模块的创建与编程		197
码 5-4 创建接近传感器		165	码 6-6 PLC 模块与智能组件的协同		200
码 5-5 创建光电传感器		168	码 7-1 工艺流程修改		203
码 5-6 传感器信号驱动工艺流程		169	码 7-2 物料流修改		205
码 5-7 逻辑块实现零件计数功能		173	码 7-3 创建工艺操作启动信号		207
码 6-1 旋转料仓的智能组件定义		182	码 7-4 机器人多工艺操作虚拟调试集成		209
码 6-2 机器人夹爪的智能组件定义		185	码 7-5 PLC 工程项目运行		219
码 6-3 机器人交互信号创建		192	码 7-6 PS 软件与外部 PLC 连接设定		220
码 6-4 机器人与智能组件的协同		195	码 7-7 PS 软件与外部 PLC 连接设定		223